항만크레인 시뮬레이터 운영 실무

배석태 | 조규성 공저

홍릉과학출판사

머 리 말

21세기 글로벌시대를 맞이함에 따라 각 국가별 경제규모가 커지게 되고 이로 인한 무역량이 급속도로 증가되고 있다. 뿐만 아니라 최근에는 각 나라별로 FTA 협정 체결 등으로 인해서 무역량이 많이 증가함에 따라 우리나라도 경제규모에 맞는 효율적인 항만산업을 운영하는 것이 필요하게 되었다. 이에 정부차원에서 항만물류산업을 효율적으로 운영하기 위해 부산항신항 및 광양항등에 많은 항만컨테이너터미널을 건설함에 따라 항만컨테이너터미널을 운영하기 위한 인력 양성을 위한 체계적인 교육이 필요하게 되었다. 특히 항만컨테이너터미널에서 운영되는 항만장비인 안벽크레인(QC) 및 트랜스퍼크레인은(TC)는 고도의 숙련된 운영기술을 통한 장비 운영을 수행할 수 있는 전문 인력이 요구되고 있다. 그러나 대형 항만장비이며 고가의 장비이기 때문에 실제 장비에서 필요한 운영기술을 교육하기에는 많은 한계가 있다. 또한 안전사고의 위험으로 인해서 실제 장비에서 관련 교육을 수행하기에는 현실적으로 많은 어려움이 있다.

따라서 본 책에서는 항만컨테이너터미널에서 운영되는 항만장비 특히 안벽크레인과 트랜스퍼크레인을 효율적으로 운영하기 위해 개발된 항만크레인시뮬레이터 장비를 통한 항만장비의 운영능력 습득 및 항만컨테이너터미널의 운영에 관해 누구나 쉽게 이해하여 관련 항만장비를 보다 쉽게 운용할 수 있도록 정리함으로써 항만작업의 실무능력을 높일 수 있도록 구성하였다.

Chapter 01에서는 항만크레인시뮬레이터의 주요 기능 및 구동 시 유의사항에 대해서 기술을 하였다.

Chapter 02에서는 항만크레인시뮬레이터를 운영하기 위해서 필요한 운영환경과 항만크레인시뮬레이터를 조작하기 위해서 요구되는 물류작업에 대해서 설명을 하였다.

Chapter 03에서는 항만컨테이너터미널에서 사용되는 컨테이너 종류를 기술하고 각 컨테이너에 따른 특징 및 설정방안을 설명함으로써 항만크레인시뮬레이터를 운전시에 필요한 작업 사항에 대한 이해를 높이도록 구성하였다.

Chapter 04에서는 항만컨테이너터미널에서 운영되는 차량 정의 및 종류를 설명하였고, 차량운영에 필요한 환경설정 및 운행 조건을 GUI기반으로 설정할 수 있는 방법을 설명하였다.

Chapter 05에서는 항만크레인시뮬레이터를 통한 선박 양・적하작업을 수행하기 위한 작업환경설정 방법과 컨테이너 선박에서 운영되는 운영 기술에 관해서 기술하였다. 또한 화물선별 해치작업을 위한 설정을 기술함으로써 선박 양·적하의 운영 효율성을 높일 수 있도록 설명하였다.

Chapter 06에서는 선박 양·적하를 수행하기 위해서 사용되는 작업자의 수신호를 기술함으로써 장비운영자와 언더맨과의 의사소통 방법을 설명하였다.

Chapter 07에서는 항만크레인시뮬레이터 운영을 제어하기 위한 주요 기능을 설명하였고, 운영 제어 어플리케이션을 설명함으로써 항만작업의 과제 수행 절차의 실행방법을 설명하였다.

Chapter 08에서는 ZPMC 갠트리 크레인 모델링을 수행하기 위한 시뮬레이팅 설정에 관해서 설명하였다.

Chapter 09에서는 항만크레인시뮬레이터 하드웨어 작동시스템과 조작 컨트롤 시스템의 특징과 기능을 기술하였다.

Chapter 10에서는 차대정렬시스템인 CAS를 운영하기 위한 조작방법 및 기능 설정 방법을 설명하였다.

Chapter 11에서는 RMG 크레인을 운영하기 위해서 필요한 모듈 시뮬레이팅 설정방법과 하드웨어 제어시스템에 대해서 설명하였다.

Chapter 12에서는 컨테이너터미널에서 작업 시 요구되는 안전수칙을 설명함으로써 안전사고 위험 및 대체방안에서 대해서 기술하였다.

Chapter 13에서는 선박 컨테이너 위치 표시를 기술함으로써 장비운영자에게 장비 운영에 필요한 정보를 이해할 수 있도록 기술하였다.

Chapter 14에서는 컨테이너의 주요 기능과 구조를 설명하였다.

Chapter 15에서는 컨테이너의 용도에 따른 현황과 특징 등을 기술하였다.

Chapter 16에서는 컨테이너터미널의 작업계획 개요와 작업계획 방법을 제시함으로써 작업 전략 수립 및 방안에 관해서 설명하였다.

본 책을 통해서 항만크레인시뮬레이터 운영에 필요한 기본 지식과 운영 정보를 초보자들도 쉽게 이해할 수 있도록 각 내용들을 체계적인 구성하였기에 이를 통해 항만크레인시뮬레이터 운영에 보다 쉽게 접근할 수 있기를 바란다.

끝으로 이 책이 완성되기 까지 물심양면으로 도와주신 물류분야의 여러 전문가와 동명대학교 HUNIC 사업단 및 흥릉과학출판사에 감사의 말을 전합니다.

2011년 저자 일동

차 례

Contents

chapter 01

항만크레인시뮬레이터

본 교재는 전반적인 hiCRANE2 교육 어플리케이션 시뮬레이터 소프트웨어의 운전과 기능에 대해서 설명한다. hiCRANE2는 진보된 시뮬레이터 시스템으로 크레인, straddle 캐리어 및 RTG 작업을 안전한 사이버 공간에서 구현하였다.

1.1 주요기능

(1) 현실적인 학습

개발 모델에 대단한 강조를 하였다(예: 시각뿐만 아니라 행동의 물리적인 성격 또한 실제와 유사한 크레인 캐리어, 선박, 화물, 차량 및 터미널). 완전 버전의 hiCRANE2 시뮬레이터는 학습의 현실적인 도구를 제공하고 시각적, 운동적, 청각적 신호로 학습자가 완벽히 몰두하여 마치 학습자가 실제로 운전을 하고 있다는 느낌이 들 수 있는 가상공간을 제공한다.

(2) 고도의 퍼포먼스

일반적인 하드웨어와 최적화된 소프트웨어의 조합은 실습 및 시뮬레이터 설정의 여러 분야에서 높은 업데이트 비율을 확신한다.

(3) 최고의 하드웨어

동일한 시뮬레이터는 다수의 하드웨어 플랫폼에서 간편하게 구동될 수 있다. 저가의 데스크톱 버전은 일반적인 하드웨어 장치를 사용하는데 비해, 최고 기술의 실제 사이즈 시뮬레이터는 다음과 같은 기능을 제공한다.

01 실제 스케일과 모든 장비가 갖추어진 크레인 운전실
02 6개의 DOF 모션 플랫폼
03 360 가시 가능한 플랫폼

(4) 다수의 크레인 타입을 지원하는 모듈 기반의 소프트웨어

시뮬레이터는 다음과 같은 학습 모듈을 제공한다.

01 STS 컨테이너 갠트리 크레인
02 Grab 갠트리 크레인 벌크 unloaders
03 포탈 크레인(훅, 스프레드, 쥐거나 다른 들어 올리는 장치)
04 스트레드 캐리어
05 RTGs

각각의 모듈은 실제 현존하는 크레인과 적재(stacking) 기계 모듈의 시뮬레이션을 제공한다. 모듈들은 재설정을 통하여 비슷한 모델과 같은 특성을 띠도록 할 수 있다. 속도, 가속, 적재 한계량이나 그 모습까지 변형되는 변수를 가지고 있다.

(5) 사용자를 위한 구성

시뮬레이터 전체는 교육자 스테이션에서 교육자에 의해서 조종된다. 진보되었지만 사용이 간편한 윈도우 기반의 그래픽 사용자 인터페이스는 교육자에게 실습을 생성, 제어, 모니터, 기록 및 변환이 가능하게 한다.

(6) 강력한 실습 생성기

교육자는 실습 생성기에서 드래그/드롭으로 화물이나 크레인 등의 새로운 아이템을 터미널 지역으로 불러올 수 있게 하여 실습을 생성하는데 있어서 무한한 많은 변화를 줄 수 있다. 크레인, 화물, 선박, 및 자동화된 교통상황부터 날씨 및 시야 컨디션에 이르는 대부분의 아이템이 설정이 가능하다.

(7) 시나리오의 다양성

실습 생성기가 제공하는 무한한 변화 가능성과 더불어, 교육자는 모터의 고장, 컨테이너의 끼임, 과적, 높은 바람이나 좋지 않은 시야 등 여러 분야의 문제를 포함하는 시나리오를 불러올 수 있다.

01 물류 툴

교육자는 실습에서 쓰일 과제를 생성하기 위해 컨테이너 물류 툴을 관리할 수 있다. 각각의 학습자들은 리프팅 작업을 지시 받아서, 그 효율성이 모니터링될 수 있다.

02 동시 다발적인 다수 모듈의 시뮬레이션

시뮬레이터 상에서 여러 명의 학습자들이 같은 실습에서 협동을 가능하게 하는 매우 독보적인 기능이 있다.

03 유용한 리포트 툴

각각의 시뮬레이터 세션은 녹화가 되고 핵심적인 프로세스 정보는 지속적으로 기록이 된다. 기존의 리포트 프로세스 기능을 포함해서 비디오와

애니메이션 재생을 통한 유용한 보고가 가능하다.

04 전반적인 사용법

교육자 어플리케이션은 사용하기 쉬운 메뉴, 툴 바 및 툴 윈도우를 포함한 메인 화면으로 구성되어 있다. 실습에 있어서, 그래픽 사용자 인터페이스를 통해서 교육자는 크레인과 스텍킹 기구, 화물, 선박 등의 대부분의 변수를 변화할 수 있는 능력을 가지게 된다.

1.2 작업 공정

시뮬레이션에서 실습의 생성과 초기화는 워크플로우(업무진행 과정)대로 진행된다. 사용자는 시스템을 사용하기 전에 이러한 과정을 익혀두는 것이 유용할 것이다.

(1) 시뮬레이터 세션 모드

hiCRANE2 시스템은 3가지의 다른 모듈로 설정될 수 있다. 어플리케이션이 시작되면, 사용자는 시뮬레이션이 단독 모드로 진행될 것인지 다중 시뮬레이션 세션의 일부로 진행될 것인지를 지정한다. 다중 시뮬레이션 세션은 2개 이상의 시뮬레이터가 물리적인 한 장소에 존재하고, 다수 시뮬레이션 모드의 라이선스를 보유하고 있어야 한다.

01 단독 모드

이 모드에서는 시뮬레이션 공간에서 1개의 시뮬레이션만 존재한다.

02 다중 시뮬레이션 마스터

다중 시뮬레이션은 같은 시뮬레이션 공간에서 1개 이상의 시뮬레이션을 사용한다. 다중 시뮬레이션 세션이 설정되면, 1명의 교육자는 시뮬레이션 공간 및 1개 이상의 크레인과 straddle 캐리어가 배치된 실습을 불러와야 한다. 이러한 설정이 끝나면, 다른 교육자들은 그들의 시뮬레이션을 마련된 공간으로 접속하고, 운전할 free 크레인이나 straddle 크레인을 선택한다.

03 다중 시뮬레이션 슬레이브

다른 교육자가 설정한 공간으로 접속하는 교육자의 어플리케이션을 슬레이브라고 부른다. 여기서 알아두어야 할 점은, 위의 3가지 모드가 1가지의 경우만을 교육자 어플리케이션에서 구동한다(이는 1개의 교육자 스테이션은 스테이션에 지정된 크레인과 straddle 캐리어만을 조종하고 모니터해야 한다). 예를 들어, 각각의 교육자들은 세션을 개인적으로 기록하도록 선택하며, 이러한 경우에서 보고내용은 특정 교육자 스테이션에서 제어되는 크레인이나 straddle 캐리어만을 포함하며, 다른 교육자 스테이션의 크레인이나 캐리어의 보고는 포함하지 않는다. 단독모드나 다중모드의 모드를 선택하면 다음과 같은 워크플로우(업무진행 과정)가 해당된다.

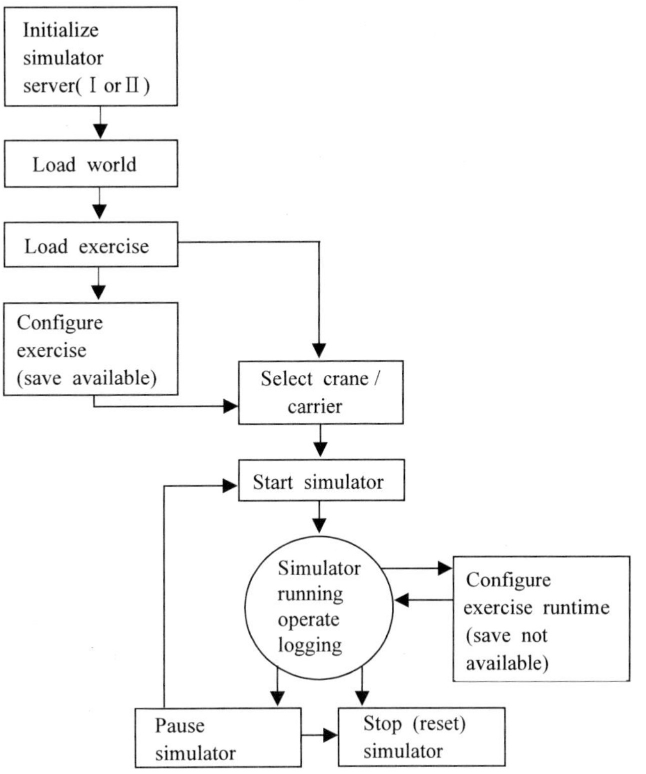

[그림 1] 단독 모드와 다중 모드의 업무진행 과정

다중 시뮬레이션 슬레이브의 모드를 선택하면 다음과 같은 워크플로우(업무진행 과정)가 해당된다.

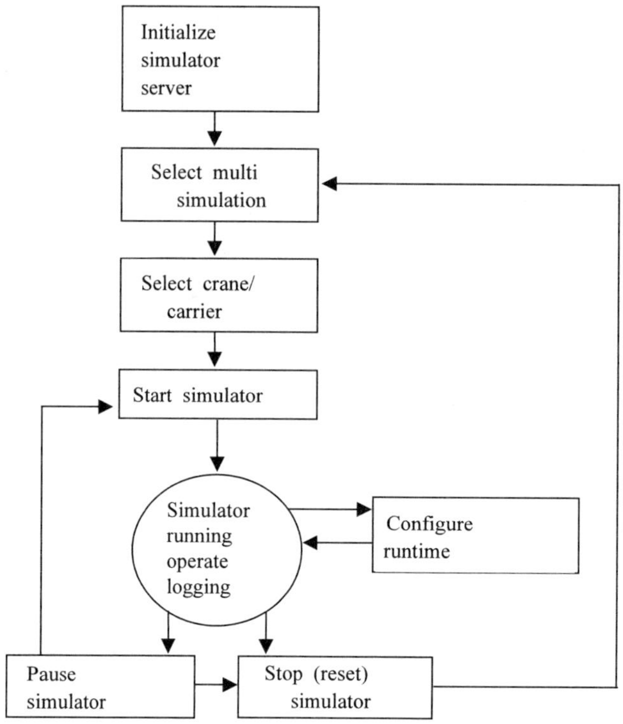

[그림 2] 다중 시뮬레이션 슬레이브 업무진행 과정

1.3 시뮬레이션 구동 시 유의사항

시뮬레이터가 시작하면 리스트는 과제로 변경된다. 각 목적지는 한 과제를 갖는다. 실행이 가능한 과제들은 종목(category)별로 그룹이 지어진(RTG나 RMG를 위한 리스트, straddle 캐리어를 위한 리스트, STS 크레인을 위한 리스트) 각각 해당하는 시뮬레이션 리스트가 세션에 참가하여 크레인, RTG/RMG나 Straddle 캐리어를 운전하는 각 운전자에게 보내진다.

과제가 해당 지역으로 이동되어 학습자가 이를 서명하면, 시스템은 해당 컨테이너의 다른 목적지가 있는지를 점검한다. 만일 이후 과제를 수행할 과제가 남아있다면, 해당하는 크레인의 작업 리스트에 해당 작업이 추가된다.

(1) RTG/RMG 터미널의 물류(로지스틱스)

[그림 3] RTG 크레인을 지원하는 컨테이너 트랙터

만일 RTG/RMG 터미널 공간을 시뮬레이터 상에서 불러온다면 물류 컨테이너를 소통하는 데는 화물차량이 필요하다. RTG/RMG 터미널은 세미트레일러나 컨테이너 트랙터와 같은 화물차들이 크레인을 지원하여 컨테이너가 소통된다. 화물 차량들은 RTG/RMG에서 STS 갠트리 크레인으로 컨테이너를 이동하고, 역순으로 작업을 하기도 한다. 크레인은 차량으로 컨테이너를 탑재하거나 내리게 된다.

크레인의 작업은 컨테이너의 현 위치로부터 목적지까지 이동하는 것을 말한다. RTG/RMG 터미널에서는 차량에 싣거나 내리는 것을 말하는 것이다. 컨테이너 작업은 주어진 컨테이너에 있어서 해당되는 작업의 모음을 말한다. RTG/RMG 터미널 상에서의 단일 크레인 시뮬레이션 상에서의 작업은, 단순하게 한 임무만을 포함하게 된다. 보통 단일 시뮬레이션 실습은 RTG/RMG 크레인이나 갠트리 크레인이 다수의 컨테이너를 싣고 내리는 작업으로 이루어진 물류를 포함하고 있다(예: 싣고 내리는 작업의 조합이 아니다).

크레인이 선박이나 육지의 stalking 지역에서 컨테이너를 내릴 때, 화물차량은 이동되어야 할 컨테이너 주위로 가서 주차를 하게 되고, 컨테이너가 화물차량에 실리게 되면 이동을 하게 된다. 그러면 새로운 차량이 크레인을 지원하게 되고 이는 물류 작업이 끝마칠 때까지 반복된다. 크레인이 선박이나 육지의 stalking 지역으로 컨테이너를 적재할 때 다음으로 적재되어야 할 컨테이너는 차량으로 운반된다. 크레인이 현재 작업 중인 컨테이너를 끌어올리면, 다음 작업의 컨테이너가 새 차량에 의해 크레인 옆으로 불러와진다. 이러한 작업은 물류 작업이 끝마칠 때까지 반복된다.

chapter 02

항만크레인시뮬레이터 운영환경

2.1 RTG/RMG 터미널의 물류 작업

RTG/RMG 터미널 공간에서, 서브 패널 물류 설정 패널의 'cargo vehicle container transportation - 화물 차량 컨테이너 이동'이 활성화된다. 이 서브 패널을 이용해서 사용자는 크레인이 차량에 짐을 실을 것인지, 내릴 것인지를 정의할 수 있고, 어떤 종류의 차량이 컨테이너를 이동하는지, 컨테이너가 갠트리 크레인에 의해서 작업된다면 크레인 보호대를 정의할 수 있다. 추가적으로 사용자는 차량의 적재량도 정의할 수 있다.

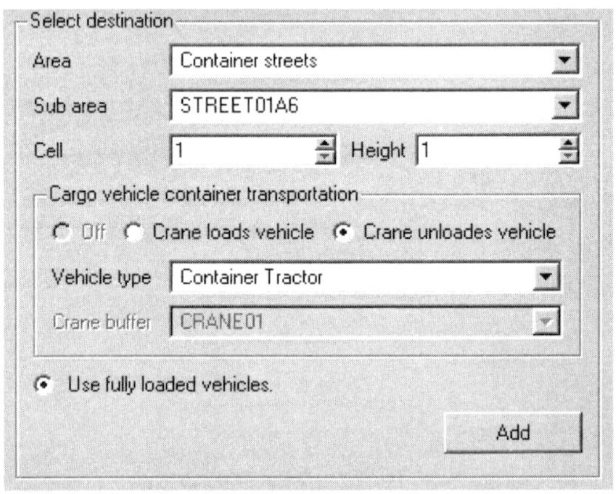

[그림 4] RTG/RMG 터미널 작업의 목적지를 정의

RTG/RMG 터미널의 물류 설정은 4가지 시나리오가 있다.

㉠ 갠트리 크레인이 차량에서 선박으로 컨테이너를 싣는다.
㉡ 갠트리 크레인이 선박에서 차량으로 컨테이너를 싣는다.
㉢ RTG/RMG 크레인이 차량에서 선박으로 컨테이너를 싣는다.
㉣ RTG/RMG 크레인이 선박에서 차량으로 컨테이너를 싣는다.

시나리오 ㉠에서는 물류 작업은 RTG/RMG 스태킹 지역에 위치된 크레인의 사용을 필요로 한다. 목적지는 선박에서 컨테이너가 위치해야 할 곳이다. 시나리오 ㉡에서는 시나리오 ㉠과 반대되는 작업이 이루어진다. 컨테이너의 시작위치가 선박이며, 목적지가 RMG/RTG 스태킹 지역이다. 시나리오 ㉢에서는 어느 컨테이너 지역이나 그 시작점이 될 수 있으나, 그 목적지는 RTG/RMG 스태킹 지역이다. 시나리오 ㉣에서는 작업 원점이 RTG/RMG 스태킹 지역이지만, 목적지는 어느 컨테이너 지역이 될 수 있다.

(1) 물류 작업의 순서

RTG/RMG 터미널에 있어서, 물류 작업의 순서는 매우 중요하다. 'move up'과 'move down' 버튼을 이용해서 물류 작업의 순서를 조절한다. 이 2개의 버튼들은 작업 리스트 상에서 다른 작업을 기준으로 이동을 하게 된다. 물류 작업의 순서는 특히 시스템이 정의된 순서에 입각해 자동적으로 짐을 싣고 차량을 크레인으로 이동하기 때문에, 차량에서 짐을 내리는 작업에서 매우 중요하다. 짐을 싣는 작업은 작업이 진행되어야 할 순서대로 배열되어야 한다. 만일 물류작업이 아래위로 쌓여있는 2개의 컨테이너 작업에 일부라면, 항상 위에 있는 컨테이너에 대한 작업 지시가 먼저 정의되어야 할 것이다(순서상).

크레인 운전실의 터치스크린 상에서는 물류 패널에서와 같은 순서로 작업이 정의되어 있게 된다. (운전자가) 작업을 인수할 때는 항상 물류 지시에 따라야 한다. 예를 들면, 터치스크린상의 작업 리스트에서 가장 상위의 지시를 수락하면 되는 것이다. 이러한 기본적인 상식을 이용함으로써 (쌓여있는 컨테이너에서 가장 윗부분의 컨테이너에 대한 작업을 수락하고 이행하는 것처럼) 작업이 정확히 수행되는 것을 확인할 수 있다.

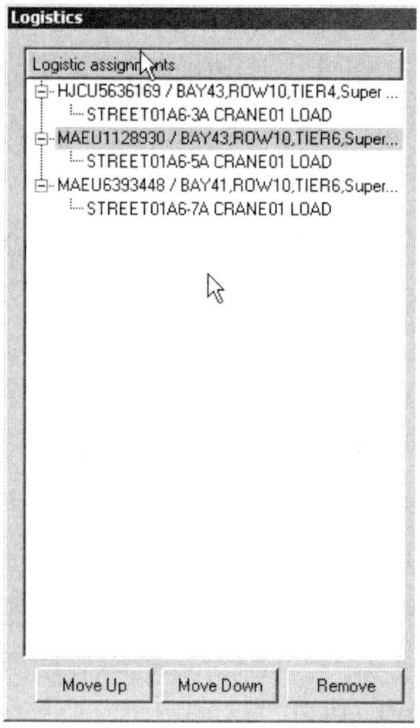

[그림 5] 과제의 순서를 바꿈

(2) 최고치 탑재 차량 및 20피트 컨테이너 트윈 리프트

20피트 컨테이너를 위한 물류작업의 설정은 크레인 spreader가 트윈 리프트를 지원하고 컨테이너가 1번의 작업으로 들어 오를 수 있다면, 화물차량이 항시 최대량을 적재하도록 설정될 수 있다. 만약 최대량 적재 차량이 사용되지 않으면, 차량은 항상 20피트 컨테이너 하나만을 수송하게 된다. 최대량으로 적재된 화물차량은 물류 서브 패널에 'cargo vehicle container - 화물 차량 컨테이너'에서 설정될 수 있다.

(3) RTG/RMG 터미널의 물류 흐름

크레인이 수행하는 싣고 내리는 작업에 따라서, 지원되는 차량이나 크레인 터치스크린상의 작업 리스트가 다를 수 있다. 짐을 싣는 작업에 있어서는 크레인 터치스크린 상에 가능한 작업이 보이게 된다. 크레인이 터치스크린상의 작업을 'accept - 수행'하게 되면 크레인 주위에 대기하는 차량에 짐을 싣게 된다. 그렇게 되면 작업이 'signed-in'되고 컨테이너를 실은 차량은 크레인을 떠나게 되고, 크레인은 새로운 작업을 받아들일 준비가 되게 된다. 만일 최대량 적재차량이 사용되면, 차량은 최대량까지 적재가 될 때까지 기다렸다가 출발을 한다. 차량에 2번째로 싣게 되는 20피트 컨테이너에 있어서는 사용자가 터치스크린 상에 'part of twin lift'의 정보 창에서 정보를 볼 수 있다

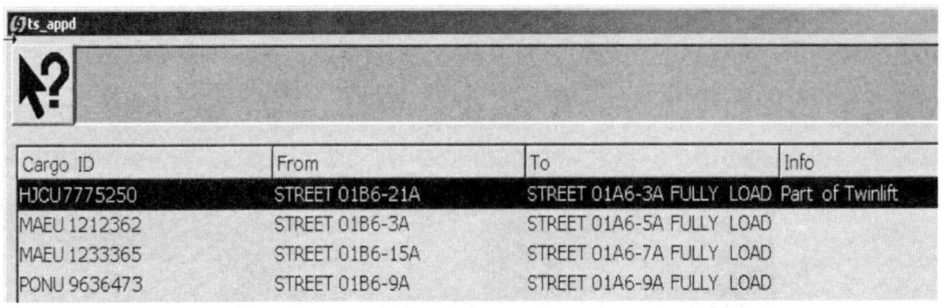

[그림 6] twin life 작업의 일부인 20피트 컨테이너 작업

짐을 내리는 작업에서는, 터치스크린상의 작업 리스트에서 다음 크레인 작업이 보이게 된다. 크레인이 터치스크린에서 작업을 허락하면 크레인에 근접한 차량에서 짐을 내리게 된다. 만약 최대량 적재 차량이 사용된다면, 20피트 작업이 짝을 이루어 진행된다. 2번째 20피트 컨테이너가 동일한 차량에 실고 크레인을 향해서 이동하게 된다. 크레인의 터치스크린 상에는 2가지의 작업이 나타나게 된다. 이 작업들은 컨테이너가 차량에서 내려짐에 따라서 하나하나씩 허가되고 sign-in 되어야 한다.

(4) 문제 발생 시나리오

만약 교육자가 물류작업이 정의된 후, 작업 흐름 중에 컨테이너를 옮기거나 삭제해버린다면, 해당하는 컨테이너에 대한 물류작업은 부적합하게 된다. (운전자가) 부적합한 컨테이너의 물류 작업을 수락하려고 할 때, 교육자는 문제의 보고를 받게 된다. 전형적인 에러 메시지는 'the logistics task just accepted can not be started due to the location for the container PONU352484 can not be found. Hence container transport vehicle do not know where to drive to - 컨테이너 ponu352484의 위치가 확인되지 않아 물류 작업의 수락과 시작이 불가능하다. 컨테이너 이동 차량의 목적지가 불분명하다.'라는 메시지를 받게 된다.

(5) 차량의 재배치

시뮬레이터 상에서 사고가 일어날 수도 있으며, 이는 운반차량이 크레인과 충돌하거나 다른 이유로 컨테이너의 들어 올림과 내림이 정지하게 되는 요인일 수도 있다. 이러한 일이 발생하면, 교육자 스테이션에서 차량을 재배치하는 옵션이 있다.

차량의 재배치는 차량을 선택하고 오른쪽 클릭 메뉴에서 “Reposition transport vehicle - 차량을 재배치”로 수행한다.

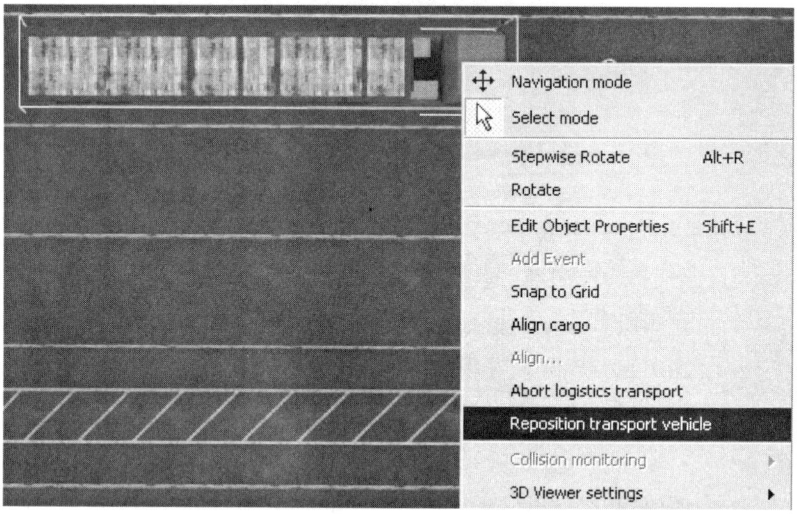

[그림 7] 크레인 아래 차량을 재배치하기

(6) 물류 과제 중단하기

시뮬레이터 상에서 사고가 일어날 수도 있으며, 이는 운반차량이 크레인과 충돌하거나 다른 이류로 정지하게 되는 요인이다. 이러한 일이 발생하면, 물류작업에서 문제를 일으키는 차량은 작업이 중지되어야 한다. 이는 차량을 선택하고 팝업 메뉴에서 ‘abort logistics - 물류 작업 중지’를 선택함으로써 이루어진다. 충돌한 차량과 연관된 모든 물류 작업이 중단되고, 크레인 운전석 터치스크린 작업 리스트 상에 ‘disabled due to vehicle collision - 차량 충돌로 인해 해지’라고 표시된다.

[그림 8] RTG/RMG 크레인과 컨테이너 트랙터와의 충돌

2.2 항만크레인시뮬레이터 운영 환경

실습상의 가상화된 환경 중에서 많은 부분은 다음에서 설명된 바와 같이 수정되고 저장될 수 있다.

(1) 조명(빛) 환경

조명 환경을 설정하려면, 툴 메뉴 환경 창을 연다.
다음에서 고른다.

01 일출
02 낮
03 일몰
04 밤

그림자를 활성화시키면, 그림자의 품질 또한 조정이 가능하다. 중간이나 낮은 품질은 속도를 호전시키는데 도움이 된다. 예를 들어, 이러한 그림자 설정을 이용하면, 환경에서 몇몇 요소의 표현이 제한될 수 있다.

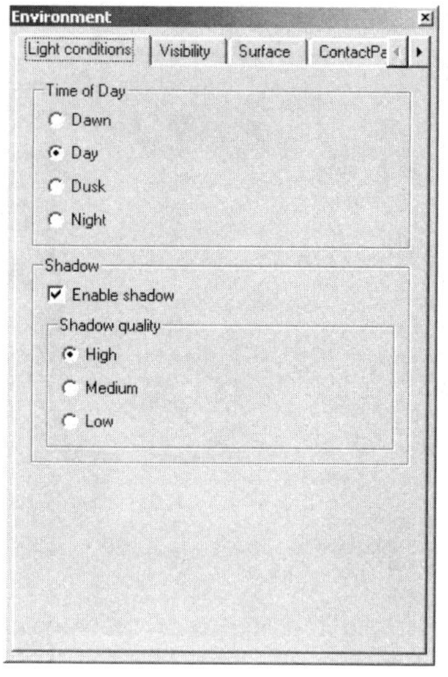

[그림 9] 하루 중 시간과 그림자를 설정

디폴트 시간대는 '낮'이다. 교육자는 실습 설정 시나 시뮬레이터가 구동하는 중간에도 시간대를 변경할 수 있다. 시간대를 설정하면 조명 환경이 변하게 된다. 밤에는 터미널의 불이 점등되게 된다.

그림자는 시뮬레이터가 시작되고 난 뒤에는 켜거나 끌 수 없고, 그 품질 또한 변경될 수 없다.

(2) 시야

환경창의 시야 페이지는 화면에서 강수량이나 안개를 더할 수 있다. 비와 안개는 동시에 설정될 수 없다. 그림자를 사용하게 되면, 비나 안개의 활성화에 방해가 될 수 있다. 강수량은 슬라이드에 의해서 조정된다. 안개 슬라이더가 항상 제일 왼쪽에 위치해있는 것을 확인하지 않으면 강수량이 조절될 수 없으며 비, 우박, 눈 중에서 선택을 한다. 비와 우박은 화면상에서 시각적인 효과와 함께 소리를 더하게 된다.

모든 종류의 강수량 설정은 터미널 지역에서 표면 마찰을 감소시킨다.

사용자가 화면에 안개를 삽입하고 싶다면, 강수량 슬라이더가 제일 왼쪽으로 설정되어있는지 확인하여야 한다. 안개 슬라이드를 사용자가 원하는 수치까지 움직인다. 사용자는 안개의 색깔 역시 조정할 수 있다. 추천하는 안개의 색은 연보라색이다.

안개의 색은, 특정한 필요를 충족시키기 위해서 변경될 수 있다. 'set default fog color - 디폴트 안개 색 지정' 체크박스를 선택하면 항상 권장되는 색으로 돌려놓을 수 있다.

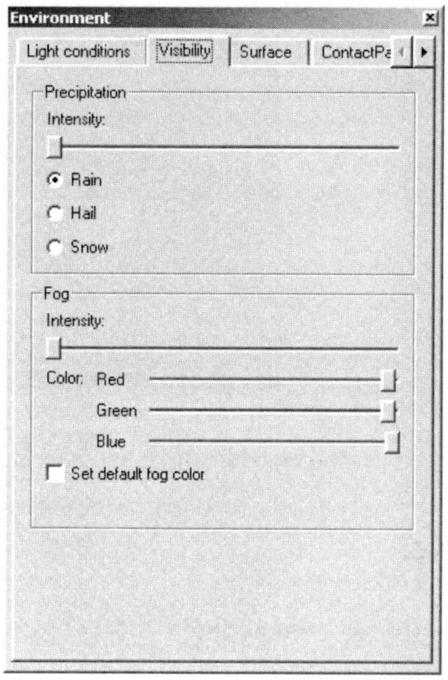

[그림 10] 시야 설정

(3) (터미널)표면

터미널 구역 표면의 울퉁불퉁함을 설정하기 위해서는 툴 메뉴의 환경툴 창에서 'surface - 표면' 페이지를 참조한다.

울퉁불퉁함의 정도는 3가지로 단계로 나누어져 있다.

01 매우 약함

02 약함

03 보통

선로 위를 지나갈 때 흔들림의 정도는 'rail-crossing bumpiness - 선로를 지나갈 때 흔들림의 정도' 슬라이드를 조정해서 설정한다. 표면의 울퉁불통함과 더불어, 화면상에서 빙판이나 장애물을 설정할 수도 있다. 장애물은 플러그인이며, 템플레이트 뷰어에서 3D뷰어로 드래그 되어서 생성된다.

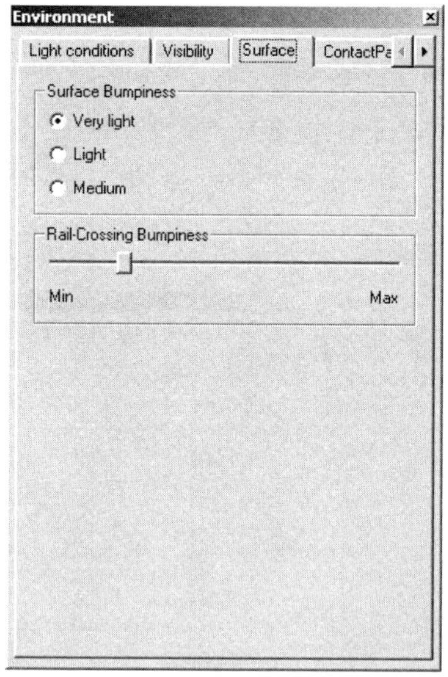

[그림 11] 표면 울퉁불퉁함의 정도를 설정

(4) 마찰 변수

contact parameter editor 접점 변수는 물체간의 마찰력을 설정하는데 쓰인다.

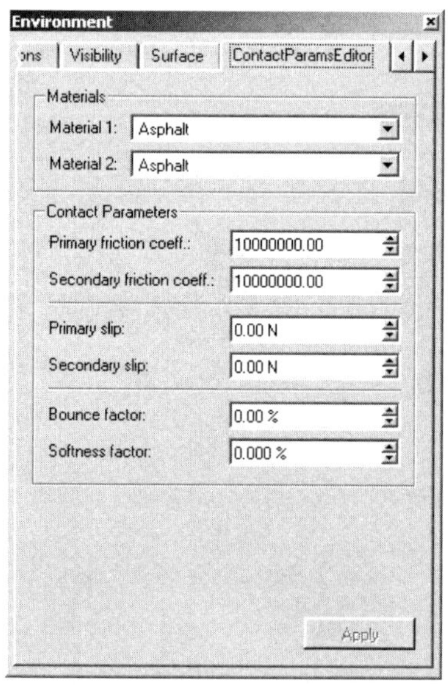

[그림 12] 접점 변수

(5) 바람

툴 메뉴에서 환경 창을 열고 'window - 바람'을 선택한다. 여기서는 바람의 변수를 설정할 수 있다. 사용자는 풍속, 변화, 시간, 및 방향을 설정할 수 있다. 바람의 방향이 수정되면 'apply' 버튼을 눌러서 변경사항을 적용시킨다. 사용자는 다른 바람 템플레이트를 불러오거나, 기존 템플레이트를 새 템플레이트로 저장할 수 있다.

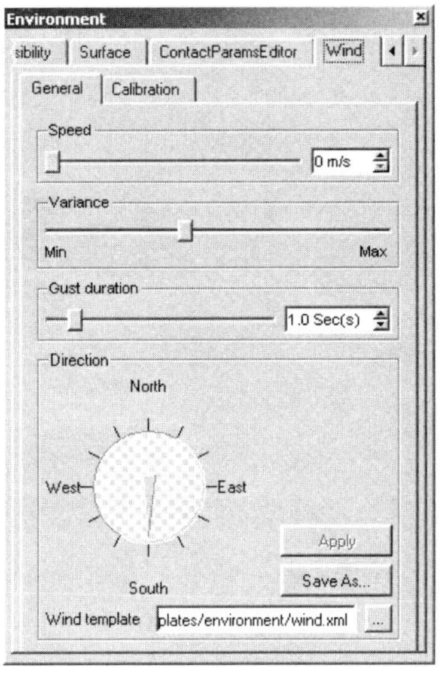

[그림 13] 바람 설정

바람의 calibration(측량) 탭에서는 다른 물체에 있어서 바람의 영향을 대체적으로 설정할 수 있다. 크레인, lifting tool 및 화물에 적용되는 바람의 힘을 소수점 값이나 상하 화살표로 입력할 수 있다(수치와 영향력은 비례한다). 속력과 방향의 변화 제어는 '일반' 탭의 변화 슬라이더 상에서 변화의 값이 최고치일 때의 값을 나타낸다. 속도의 변화는 미터/초 이며 방향의 단위는 도 이다.

알아두어야 할 것은 바람은 크레인과 접속되어 있는 화물에만 적용된다.

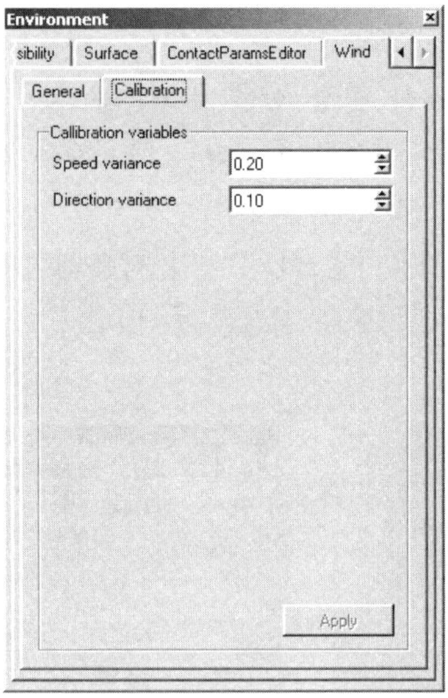

[그림 14] 바람의 보정

(6) 풍속설정

바람의 속도는 m/s로 조절된다. beaufort 스케일로 풍속을 측정할 때는 [표 1]을 참고한다.

[표 1] 풍속설정

정도	속도 (km/h)	바람 유형	속도 (노트)	특징	속도 (m/s)
0	0 - 1	정적	0 - 1	연기가 수직으로 상승하고 바다가 거울과 같이 잔잔하다.	< 0.3
1	1 - 5	최소의 바람	1 - 3	바람이 연기를 휘고 물결이 잔잔하다.	0.3 - 1.5
2	6 - 11	약한 미풍	4 - 6	나뭇잎이 흔들리고 확실한 파도가 생성된다.	1.6 - 3.3
3	12 - 19	미풍	7 - 10	나뭇잎이 활발하게 움직이고 작은 파도가 들이친다.	3.4 - 5.4
4	20 - 28	활기찬 미풍	11 - 16	바람이 가루를 들어 올리고 모래를 움직여 쌓이게 한다. 작은 파도들이 길어진다.	5.5 - 7.9
5	29 - 38	연풍	17 - 21	잎이 달린 관목들이 떨리고 중간 정도의 파도로 늘어난다.	8 - 10.7

(계속)

정도	속도 (km/h)	바람 유형	속도 (노트)	특징	속도 (m/s)
6	39 – 49	신선한 바람	22 – 27	구리와 텔러그래픽 와이어에 부딪치는 소리가나고 하얀 거품을 동반한 파도가 생성되며, 옅은 비가 내리기 시작하다.	10.8 – 13.8
7	50 – 61	질풍	28 – 33	나무가 많이 흔들리고, 바람을 거슬러 걷기가 힘들다. 파도 상이의 거품이 생성되었다가 없어진다.	13.9 – 17.1
8	62 – 74	중간 돌풍	34 – 40	구리가 부러지며, 바람을 거슬러 걷는 것은 불가능하다. 중간 이상의긴 바람이 불고 파도에서 회오리바람이 불어친다.	17.2 – 20.7
9	75 – 88	심한 돌풍	41 – 47	벽난로와 타일이 분해된다. 큰 파도가 거품과 물을 튀기며 몰아친다. 시야가 제한된다.	20.8 – 24.4
10	89 – 102	폭풍우	48 – 55	내륙지역에서는 드물다. 나무가 뽑히며 실내에 큰 피해를 줄 수 있다.	24.5 – 28.4
11	103 – 117	폭풍	56 – 63	흔하지 않으나 가장 피해가 막심한 케이스이다. 큰 파도가 주안사이즈 선박을 집어삼킬 수 있다. 시야가 매우 제한된다.	28.5 – 32.6
12	over 118	허리케인	64 +	빌딩이 무너진다. 거품과 파도의 파편으로 시야가 매우 제한된다.	32.7 >

(7) Setting the variance

변수는 바람의 속도와 방향 모두에 영향을 준다. 슬라이드는 %값을 설정할 수 있게 해서, 왼쪽은 0을 나타낸다. 이 점에서는 풍속이나 방향이 지정되어준 값과 일치한다. 변화 값이 커질수록 풍속이나 방향이 일정치 않게 변동한다. 최대 풍속이나 방향 변수의 최대 숫자 값은 보정 탭에서 제어할 수 있다.

(8) Setting the gust duration

슬라이더는 가상화된 바람의 기간이나, 간헐적인 바람의 영향력을 제어한다. 슬라이더가 맨 왼쪽에 위치하면, 바람의 힘은 일정한 영향력을 행사한다. 하지만 주기율이 커지면, 바람의 힘은 늘어나고 설정된 값을 밑돌게 된다. 주기율은 hertz(헤르츠)로 측정된다.

(9) 풍향 설정

바람의 방향을 설정하는 다이얼은 바람이 어디에서 부는지를 설정한다. 방향을 재설정 한 다음에는 'apply'를 눌러서 적용시켜야만 한다.

(10) 크레인, 리프팅 툴 및 화물의 공격 포인트 범위 설정

바람 시스템에 양쪽 박스에 바람 박스로 공격지점을 설정함으로써, 모든 물체는 바람에 의해서 영향을 받을 수 있다. 각각의 공격 포인트는 물체의 표면상의 면적을 나타낸다. 예를 들면, 컨테이너가 4m 길이에 2m 높이라면, 컨테이너의 측면에 2×2 사이즈의 공격이 가해진다면, 각각의 공격 포인트는 $2m^2$가 되는 것이다.

그러나 시뮬레이션이 완벽하지 않은 만큼, 현실적인 세계의 값은 원하는 효과를 줄 수 없을 것이다. 대응되는 현실의 값에서 약간의 수치 조정을 하여야 시뮬레이터 상에서 동일한 영향력을 가지게 된다. 제곱 미터상 몇 개의 공격 포인트가 있는지를 제어하려면 XML 파일에 바람 템플레이트에서 'attack-point distance 공격 포인트 거리'를 제어하여야 한다. 이 값은 공격 포인트 간의 거리 값을 x축과 y축으로 나누어 지정해 준다.

(11) 풍속 변화 설정

풍속의 변화는 일반 탭의 변환 슬라이더와 연계가 있다. 여기의 값은 풍속의 최대 변환치이며, m/s로 나타난다.

(12) 풍향 변화 설정

풍향의 변화는 일반 탭의 변환 슬라이더와 연계가 있다. 여기의 값은 풍향의 최대 변환치 이며 도로 나타난다. 그렇게 되면, 방향은 지정된 장소에서부터 불어와 일정치 않은 간격으로 불어오게 된다.

(13) 바람 템플레이트 변수 설명

바람 템플레이트의 다양한 변수의 중요성을 인식하기 위해서는 바람 시스템이 어떻게 구현되는지 이해해야 할 필요가 있다. 힘이 가해지는 공간은 2차원 사각형에서 주어진 넓이와 중심으로 정의된다. 이 면은 4조각으로 나뉘고, 나뉜 각각의 사각형은 또 분할되어 필요한 화소수가 충족될 때까지 분할된다. 다시 말하면 이러한 면적이 4개씩 분할하는 나무처럼 구성된 것이다. 각각의 셀은 octree로 나뉘는 직육면체를 가지고 있다. 이 말은 원하는 화질(resolution)이 얻어질 때까지 8로 나눈다는 뜻이다. 만일 octree가 바람을 가로막는 물체를 포함한다면, 그 물체를 둘러싸는 셀에 표식이 남는다. 이렇게 표식이 된 셀 뒤의 셀들은 특별히 지정이 된다. 이러한 부분에는 바람의 힘이 작용하지 않는 것이다. 바람의 길이는 물체의 높이보다 대략 5배 정도 길다.

[표 2] 환경변수 정의 및 값

변수 이름	값	설명
방향	90	풍향 각도 90=북쪽, 0=동쪽
힘	10	바람의 세기나 속도(m/s)
변수	0	바람의 변형 0에서 1까지의 숫자임
중심	500, 100, 31.1	x, y, z 좌표선 바람의 영역 가운데 도형적인 중심. z값은 quadtree의 차원과 밀도에 관련되어있다. 이 값들을 제대로 설정하는 것은 매우 중요한 일이다. 그렇지 못하면 바람 시스템은 동작하지 못한다. z값의 수식은: $\text{dimension}/2^{(\text{quadtree density} +1)}$
Quadtree 밀도	4	Quadtree의 밀도는 바람의 영역을 포함한다. 이 값은 quadtree의 1면당 몇 기의 셀을 포함하고 있는지를 말한다. 만일 값이 4라면, $2^4=16$개의 셀이 한 면에 존재하게 된다(quadtree는 사각형이며 2차원이다). 그래서 총 256개의 셀이 있게 된다.
Octtree 밀도	5	각각의 quadtree 셀은 octree를 가지고 있으며, 이는 quadtree의 3차원적인 버전이다. Quadtree 밀도와 같이 이 값은 octree당 몇 개의 셀인지를 나타낸다. 만일 그 값이 5라면, $2^5=32$개의 셀이 한 표면에 있다. (octree 는 직육면체이고 3차원이다). 그래서 총체적인 값은 32768개의 셀이 된다.
차원	1000	Quadtree의 한 면의 길이를 m로 표기. 만약 그 값이 1000이라면, 이 뜻은 바람의 영역이 1 km^2를 포함한다는 말이다.
방향 변동	0.1	도로 측정한 방향의 변수
세기 변동	0.2	세기와 속도의 변수로 m/s로 표기
디버그 가시화	0	내부적 디버깅을 위한 변수. 항상 0으로 설정되어야 한다.

(계속)

변수 이름	값	설명
크레인 공간	3.6, 2.1	크레인에서 바람이 공격을 하는 지점
리프팅 공간	4, 2.1	리프팅 기어에서 바람이 공격을 하는 지점
공격 지점 거리	5	x와 y 방향에서 공격 지점간의 미터 거리. 만약 물체의 평면이 이보다 작을 때는 한곳의 공격 지점만을 공격한다.
빈도	0	바람의 주기로 hertz로 표기
최대 빈도	10	바람의 최대 주기로 hertz로 표기

chapter 03

컨테이너 종류

모든 컨테이너는 특히 탱크의 경우, 그 모양 때문에 차곡차곡 쌓기가 매우 어렵다. 탱크와 그 이외 보통 컨테이너들을 깔끔하게 쌓기 위해서는 'align container - 컨테이너 정렬' 기능을 쓰면 된다(3D뷰어 상에서 오른쪽 클릭을 하면 나타난다.) 이 메뉴는 3D뷰어 상에서 컨테이너/탱크가 다른 컨테이너/탱크 위에 쌓여 있을 때만 사용이 가능하다.

3.1 표준 컨테이너

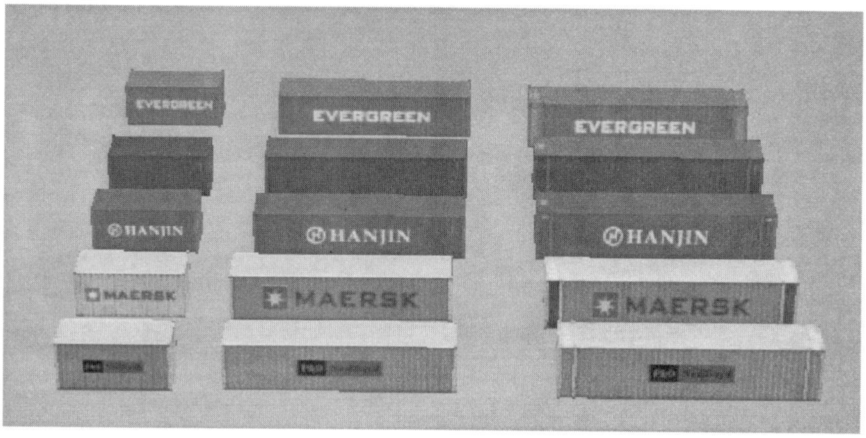

[그림 15] 표준 컨테이너, 20피트, 40피트 및 45피트

(1) 전체적인 특성

표준 컨테이너의 경우 다음과 같은 사항을 설정할 수 있다.

01 무게
02 ID 번호
03 무게 중심
04 매달려 있는 화물의 숫자
05 매달려 있는 화물의 무게

- 노트 : ID 번호의 마지막 checksum 자리 숫자는 checksum 알고리즘에 의해 자동 생성된 것으로 수정이 불가능하다.
  매달려 있는 화물의 무게는 매달려 있는 화물의 숫자가 지정된 후에만 부가할 수 있다.

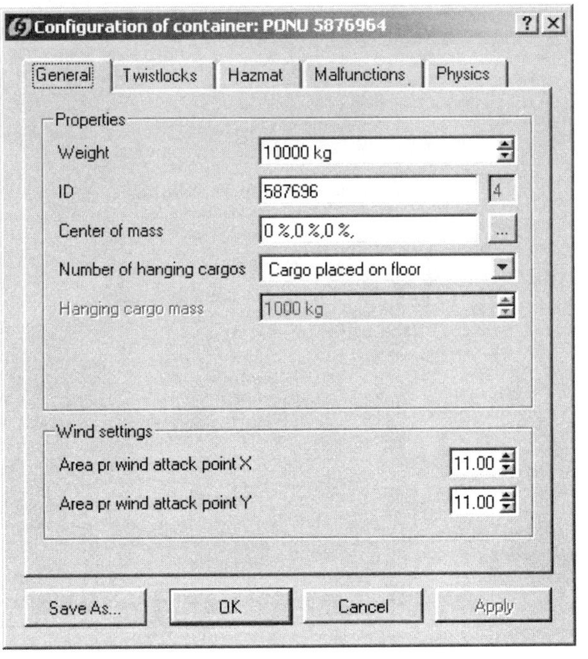

[그림 16] 전반적인 설정사항

(2) 트위스트락(twist-lock) 설정

트위스트락은 컨테이너의 상단에 장착될 수 있다. 사용자가 트위스트락을 추가하면 컨테이너 위에 인부들의 기구들을 놓아둘 수 없다. 만약 사용자가 하단부에 있는 컨테이너와 결합하고 싶다면, 'lock to container underneath - 하단부에 있는 컨테이너와 잠금' 체크박스를 누르고 사용자가 실질적으로 닫고 싶은 트위스트락을 선정한다. 위에서의 두 오동작과 더불어, 트위스트락을 선택하지 않는 것도 오동작의 요인이 된다. 'lock container underneath'는 컨테이너를 데크나 선박에 잠글 때도 쓰일 수 있다. 사용자가 컨테이너를 화물차량에 잠그고 싶다면, 화물칸에 있어서 해당되는 부분을 잠가야 한다(화물 차량을 위한 트위스트락의 설정 디테일을 참고).

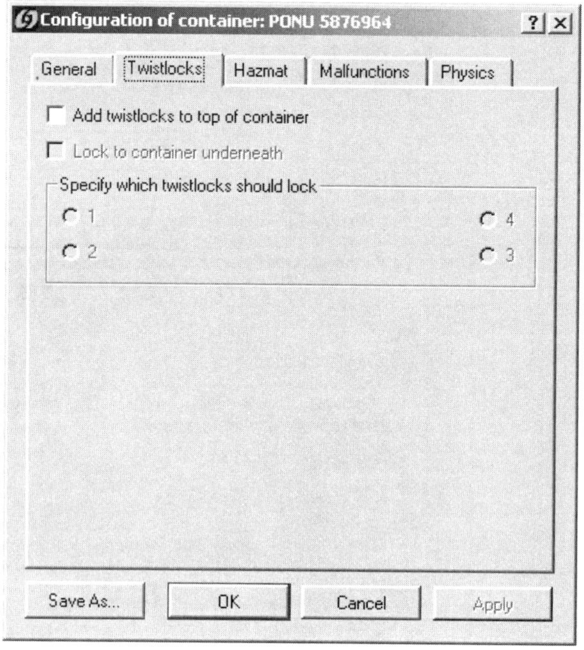

[그림 17] 트위스트락

(3) 위험 신호(표지판)

표준 컨테이너에는 '위험물질' 안내판도 추가될 수 있다. 최대 3가지의 라벨이 추가될 수 있다.

01 물질의 ID용 1개 및 위험 표시 1개

02 위험표시 1개

03 환경 위험 물질에 대한 경고 1개 혹은 이외 위험 안내

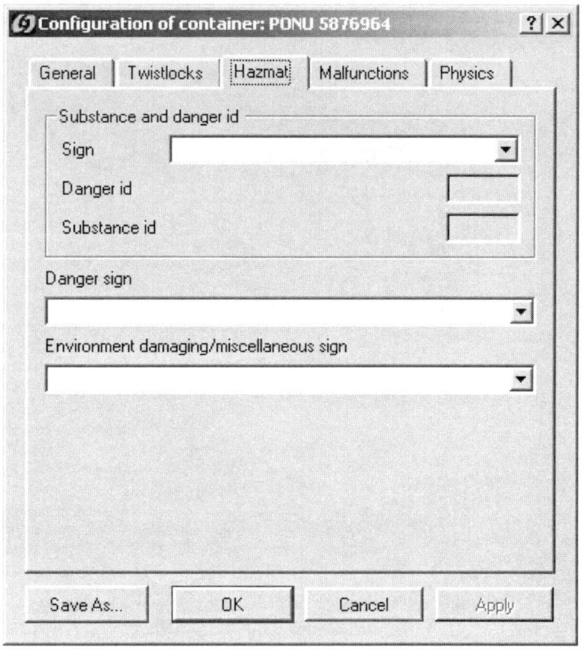

[그림 18] 위험 심벌 넣기

◎ 노트 : 트위스트락은 시뮬레이터가 시작될 때까지 보이지 않는다.

(4) 오작동

컨테이너 상에서 오동작은 2가지가 있다.

01 컨테이너상에 인부의 연장/도구가 남겨져 있다.
02 셀 가이드(cell guide)가 끼었다.

오동작을 생성하기 위해서는 해당되는 체크박스에 체크를 하고 'apply' 버튼을 누른다. 사용자가 인부의 연장을 컨테이너 위에 놔두기를 원한다면, 컨테이너 상부의 트위스트락의 추가는 불가능하다.

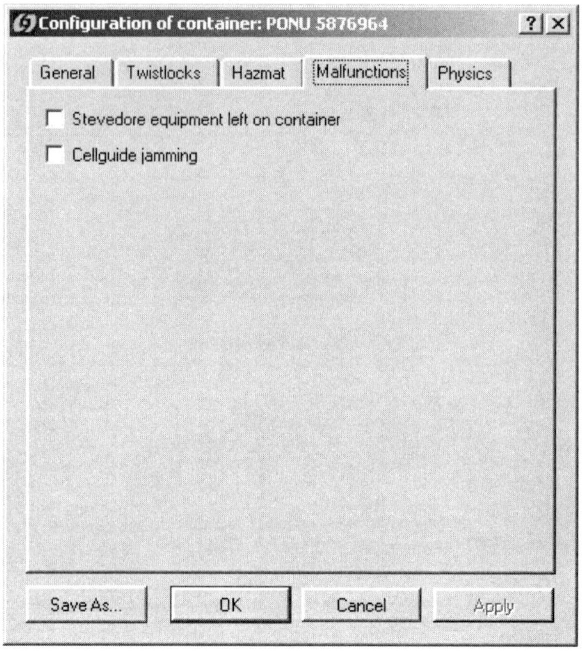

[그림 19] 오동작

◎ 노트 : 인부의 연장은 시뮬레이터가 시작될 때까지 보이지 않는다.

(5) 물리 변수

물리 변수는 경험자에 의해서 다루어져야 한다. 속도 제어는 컨테이너 상에 매달려있는 화물이 얼마나 빨리 움직이고 얼마나 빨리 설 수 있는지에 대한 항목이다.

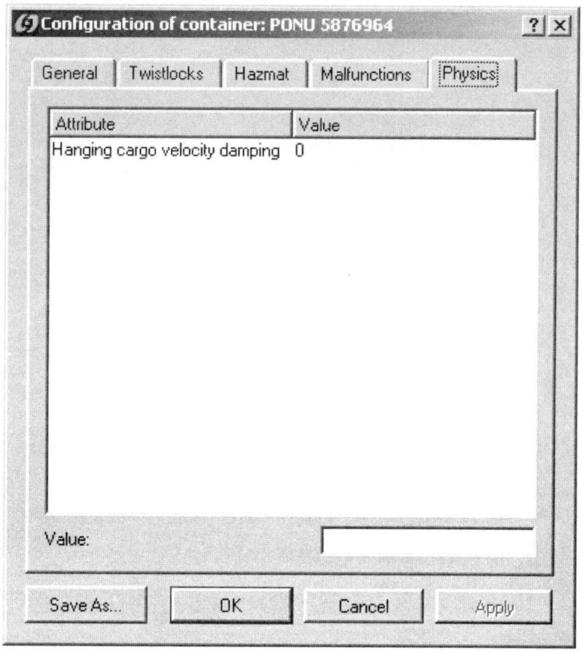

[그림 20] 물리

3.2 다양한 특성의 컨테이너

(1) 하이카고 컨테이너

높이 초과/넓이 초과 컨테이너들은 표준 컨테이너와 같은 습성을 가진다. 이러한 컨테이너들을 들어올리기 위해서는 초과 높이 스프레드 연장(over high spreader extension)을 써야 한다.

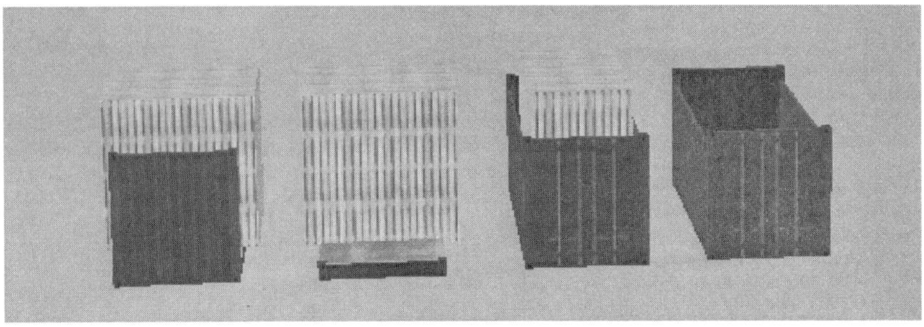

[그림 21] Over high and over wide containers

(2) 일자식, 좌우 접이식 개방형(flat, collapsible and open top)

flat, collapsible, and open top 컨테이너는 표준형 컨테이너들과 동일한 성질을 갖는다.

[그림 22] 일자형 및 접이식 컨테이너

(3) 입구 개방형 컨테이너

컨테이너 중에서는 문이 닫히지 않아서 컨테이너가 움직일 때 문이 열릴 확률도 있다.

(4) 탱크 형 컨테이터

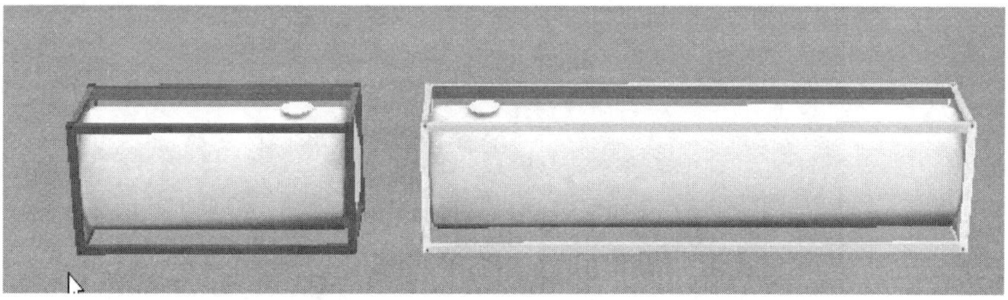

[그림 23] 20피트 탱크와 40피트 탱크

탱크의 속성의 수정은 표준 컨테이너와는 약간 다르다. 일반 속성 대화창에서, 다음과 같은 변수가 주어질 수 있다.

01 무게

02 ID 번호

03 액체 레벨은 비어 있거나 60%, 또는 80% 선적이 되어 있다.

이외 에디터의 사항은 표준 컨테이너 속성 수정과 동일하다.

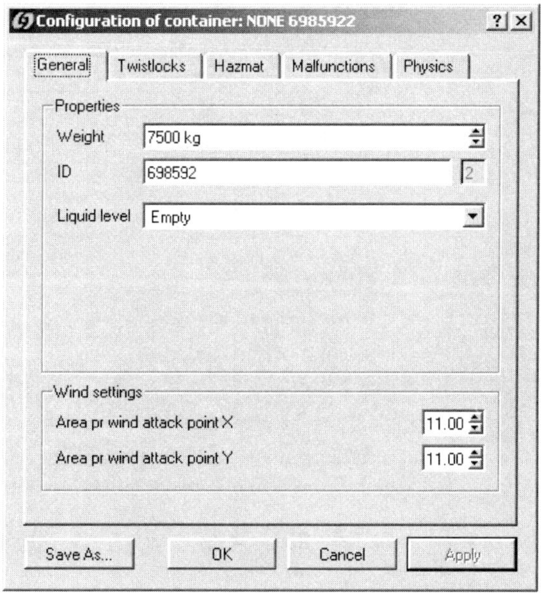

[그림 24] 탱크의 전반적인 설정

(5) 냉동 컨테이너

[그림 25] 냉동 컨테이너

냉동 컨테이너의 속성 설정은 표준형 컨테이너와 동일하다. 추가적으로 냉동 컨테이너는 동력원과 연결될 수 있다.

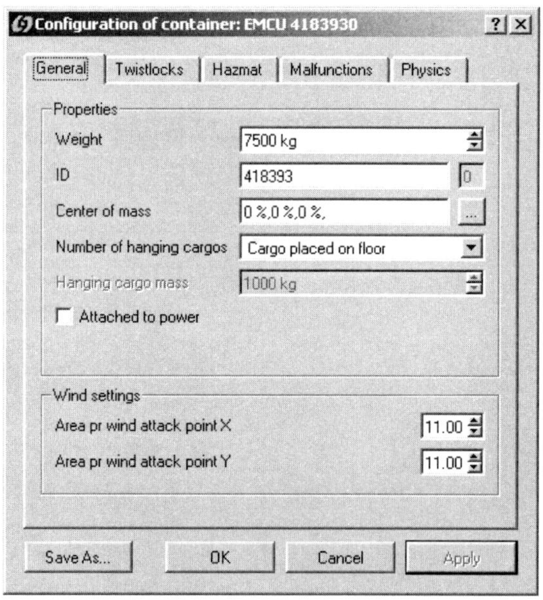

[그림 26] 냉동 컨테이너의 전반적인 설정

(6) Conventional cargo

기존 화물의 몇몇 타입은 다음과 같다.

01 오일 드럼
02 큰 자루
03 지게 포트차
04 i 빔과 파이프
05 종이롤 또는 철강롤

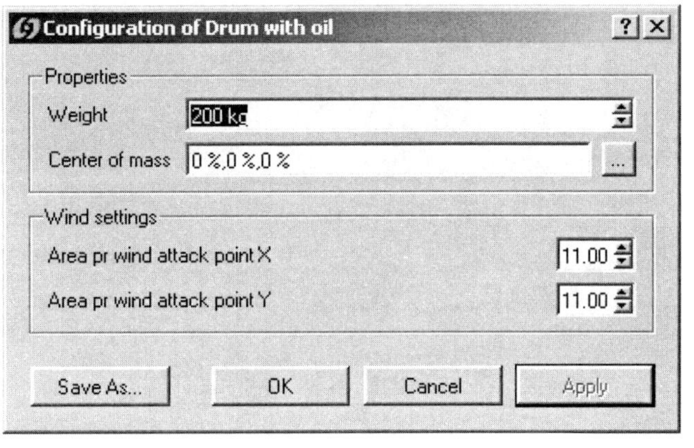

[그림 27] 자루 설정

다음은 사용자가 수정 가능한 속성이다.

- 무게
- 무게 중심
- 바람 설정

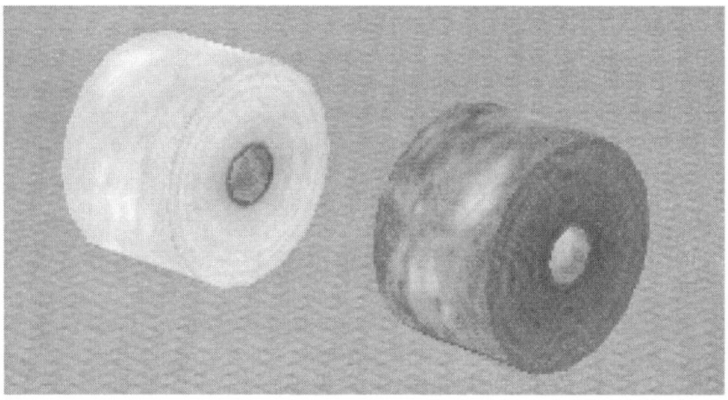

[그림 28] 종이나 강철 뭉치

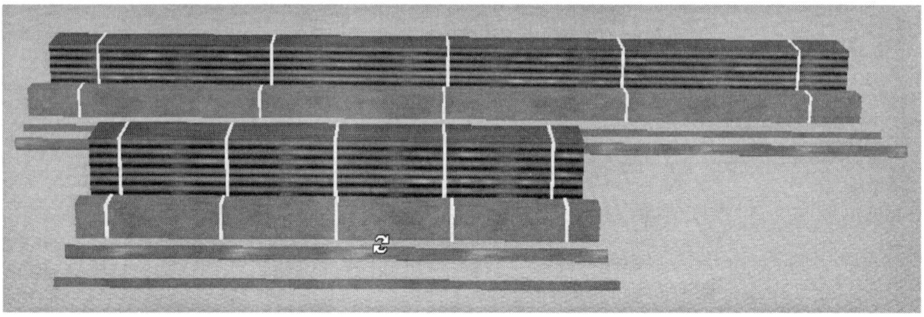

[그림 29] 튜브나 강철 빔

[그림 30] 팔레트

chapter 04

화물차량

4.1 화물차량 정의 및 종류

사용자는 터미널 상에서 주차되어있는 차량을 생성할 수 있다. 터미널 지역에서는 MTS 및 트럭을 주차할 수 있는 파킹 특정 공간이 있다. 열차는 열차 선로위로 격자 배치되게 되어, 레일이 아닌 다른 곳에 위치하는 것을 방지한다. 열차는 갠트리 크레인(컨테이너)이나 포터 크레인이 사용될 수 있다.

화물 자동차 종류는 :

01 MTS
02 트레일러
03 Goosneck 트레일러
04 트럭
05 잭업(jack-up) 트럭
06 트레일러를 동반한 트럭
07 잭업과 트레일러가 있는 트럭
08 크레이브(crabe)
09 컨테이너 트랙터
10 열차

다음과 같은 변수들은 차량 위에서 설정될 수 있다.

01 변경된 화물
02 플랫폼 핏치(말뚝) (크레이브나 열차는 해당 안 됨)
03 트위스트락 위치
04 트위스트락 상태
05 자동 교통 속성

(1) 화물 Grid(격자)로 빠른 이동

컨테이너는 컨테이너 길이나 선박의 선상에서만 격자로 배치된다. 화물칸이나 화물차에서는 격자로 배치되지 않는다.

4.2 화물차량 환경설정 및 운행

시뮬레이터상의 어떤 물체들은 자동적으로 자리를 잡게 된다. 이는 드래그/드롭으로 화물차의 화물칸으로 옮겨진 컨테이너의 경우이다. 땅에서 화물차로 드래그/드롭 되면 컨테이너는 가장 가까운 트위스트락의 위치로 자리 잡게 된다. 하지만 화물칸에 자리를 잡은 컨테이너를 드래그하여 옮기게 되면, 자동적으로 위치를 잡지 않게 된다. 자동적으로 위치를 잡는 것은 사용자가 땅에서 드래그를 했을 때만 가능하다. 만약 사용자가 컨테이너를 트위스트락 위치에서 다른 곳으로 이동하고 싶다면, 땅으로 먼저 옮겨야 한다. 자동으로 위치를 잡는 기능은 모든 화물차에서 활성화 되어 있으나 crabe에서는 예외이다.

자동으로 위치를 잡는 기능은 맞지 않는 트위스트락이 오르거나, 컨테이너가 땅에서 화물차의 위치로 드래그 될 때 트위스트락이 잠겨 있다면 그 기능이 이행되지 않는다. 이런 경우에는 컨테이너가 땅에서의 원래 위치로 되돌아가게 된다. 자동 격자배치는 자동으로 위치를 잡는 기능보다 우선적으로 행해진다. 그렇기 때문에 격자배치가 활성화되었다면, 컨테이너는 화물차의 화물칸에 설정 창의 add 버튼을 사용했을 때만 이동이 가능해진다. 컨테이너를 화물칸으로 드래그 하려고 하면, 원래 있던 위치로 돌아가기만 할 것이다.

가장 가까운 트위스트락으로 자동으로 위치를 잡는 기능은 컨테이너가 크레인으로 인하여 화물칸으로 들어 올려 졌을 때나, 땅에서 화물칸으로 들어 올려 졌을 때만 가능하다. 그러나 자동으로 위치를 찾는 기능은 크레인으로 컨테이너를 이동할 때에는 기능을 상실한다. 컨테이너를 화물칸으로 내려놓을 때, 트위스트락이 올려져 있어서 올바른 위치로 컨테이너를 안내해야 하기 때문이다.

(1) 운반열차 설정

열차에 컨테이너를 적재 또는 하역할 수 있다.

[그림 31] 화물이 있는 열차

(2) 컨테이너를 화물칸에 적재

각각의 화물칸은 개별적으로 설정될 수 있다. '일반' 탭이 화물칸에 더해진 컨테이너의 리스트를 제공한다. 컨테이너를 추가하기 위해서는 'add' 버튼을 누른다. 대화 창이 생성되면서 사용자는 원하는 템플레이트를 골라서 컨테이너를 생성할 수 있다. 컨테이너 템플레이트를 선택한 뒤 'ok'를 누른다.

사용자가 20피트 컨테이너 템플레이트를 선택하였는데 화물칸이 비어있다면 사용자는 화물칸의 전미와 후미 중 어느 부분에 컨테이너를 위치하고 싶은지를 대답해야 한다. 위치를 정하고 'ok'를 누른다.

컨테이너는 뷰어 상에서 열차에 추가될 수도 있다. 템플레이트 뷰어에서 드래그/드롭을 해서 컨테이너를 생성하거나 기존에 존재하는 컨테이너를 선택할 수도 있다. 컨테이너를 드래그 해서, 원하는 위치에 마우스를 가져가서 드롭을 한다.

컨테이너를 제거하려면, 컨테이너 리스트에서 해당하는 컨테이너를 선택한 뒤 'remove - 제거'를 누르거나, 컨테이너를 뷰어로 드래그/드롭을 하면 된다. 만일 열차를 수정하는 중 열차에 컨테이너를 추가/삭제를 하였다면, 그 변동사항이 인식되지 않는다. 페이지 상단에서 화물칸을 다시 선택하여서 적용시켜야 한다.

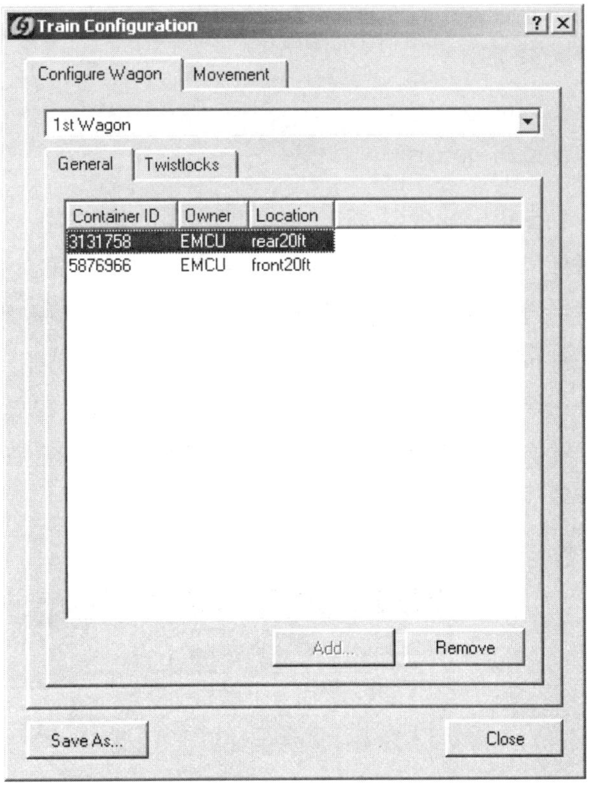

[그림 32] charged 화물 설정

컨테이너는 뷰어 상에서 열차에 추가될 수도 있다. 템플레이트 뷰어에서 드래그/드롭을 해서 컨테이너를 생성하거나 기존에 존재하는 컨테이너를 선택할 수도 있다. 컨테이너를 드래그 해서 원하는 위치에 마우스를 가져가 드롭을 한다.

컨테이너를 제거하려면, 컨테이너 리스트에서 해당하는 컨테이너를 선택한 뒤 'remove - 제거'를 누르거나, 컨테이너를 뷰어로 드래그/드롭을 하면 된다. 만일 열차를 수정하는 중 열차에 컨테이너를 추가/삭제를 하였다면, 그 변동사항이 인식되지 않는다. 페이지 상단에서 화물칸을 다시 선택해서 적용시켜야 한다.

(3) 트위스트락(twist-lock)

트위스트락에는 4가지 세트가 있다.

- 40피트
- 45피트
- 전미 20피트
- 후미 20피트

화물차가 비었을 때는 트위스트락이 내려진다. 사용자는 40피트 혹은 45피트, 혹은 20피트를 하나씩 사용한다. 만일 화물이 추가되었을 때는, 해당하는 컨테이너 사이즈에 맞는 트위스트락이 자동적으로 올려지게 된다. 사용이 불가능한 트위스트락 세트는 비활성화 된다. 트위스트락이 올려져 있는 상태에서는 잠금이 가능하다. [그림 33]을 보면, 사용자는 어떤 트위스트락을 잠글지 선택할 수 있다. 트위스트락을 전부 잠그지 않는 것도 오동작의 요인이 된다.

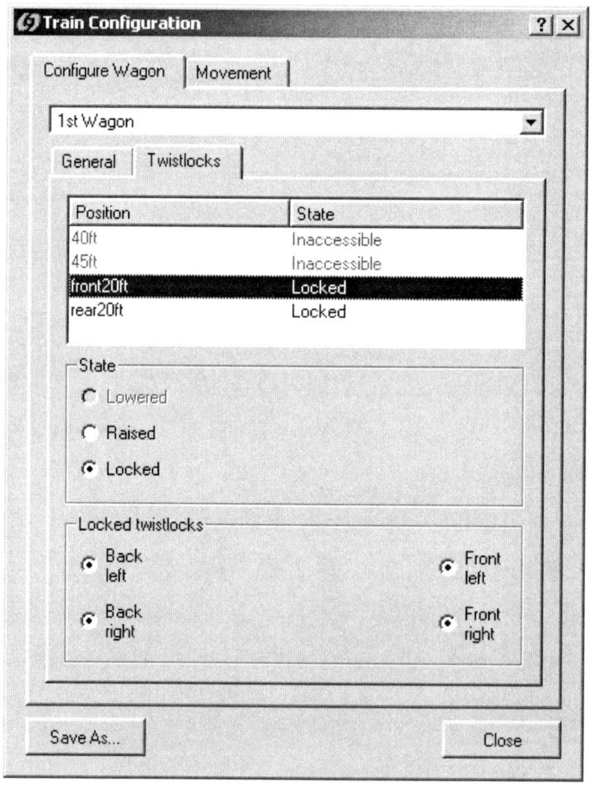

[그림 33] 트위스트락 설정

◎ 노트 : 시뮬레이션 중, 컨테이너의 잠김 상태는 컨테이너가 공중에 올려졌을 경우에는 그 상태를 변환할 수 없다. 컨테이너가 트레일러 표면에 안착하고 있을 때만 잠금을 해제할 수 있다.

(4) 열차 이동

열차는 레일 상에서 수동적으로 움직여질 수 있다. 단순히 몇 개의 화물차를 움직일 것인지 결정하고 'forward - 전진'이나 'backward - 후진'을 선택한다.

'enabled' 체크박스를 선택한다. 화물이 charged되는 시간을 설정하면, 열차는 기다렸다가 움직이게 된다. 열차가 움직인 방향을 나타낸다.

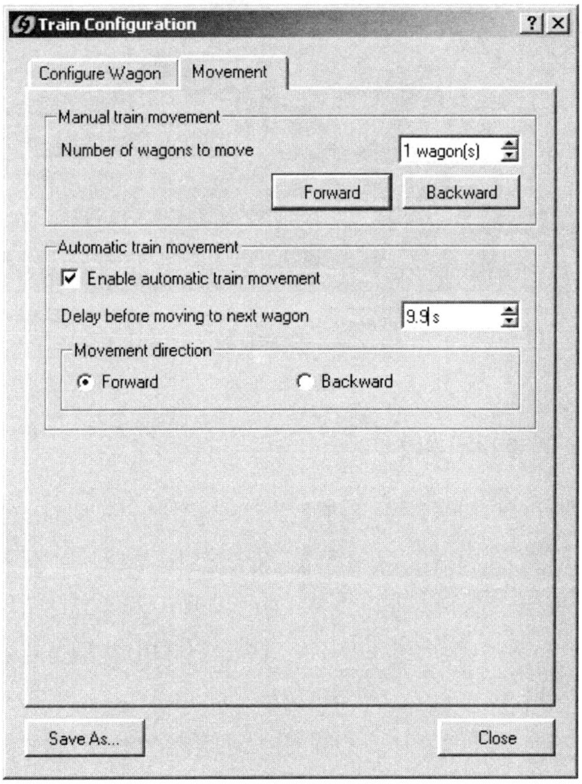

[그림 34] 운동경험

4.3 트레일러 및 트럭의 설정

[그림 35] 세미 트레일러

(1) 컨테이너 추가

각각의 화물칸은 개별적으로 설정될 수 있다. '일반' 탭이 화물칸에 더해진 컨테이너의 리스트를 제공한다. 컨테이너를 추가하기 위해서는 'add' 버튼을 누른다. 대화 창이 생성되면서 사용자는 원하는 템플레이트를 골라서 컨테이너를 생성할 수 있다. 컨테이너 템플레이트를 선택한 뒤 'ok'를 누른다.

사용자가 20피트 컨테이너 템플레이트를 선택하였는데 화물칸이 비어있다면 사용자는 화물칸의 전미와 후미 중 어느 부분에 컨테이너를 위치하고 싶은지를 대답해야 한다. 위치를 정하고 'ok'를 누른다.

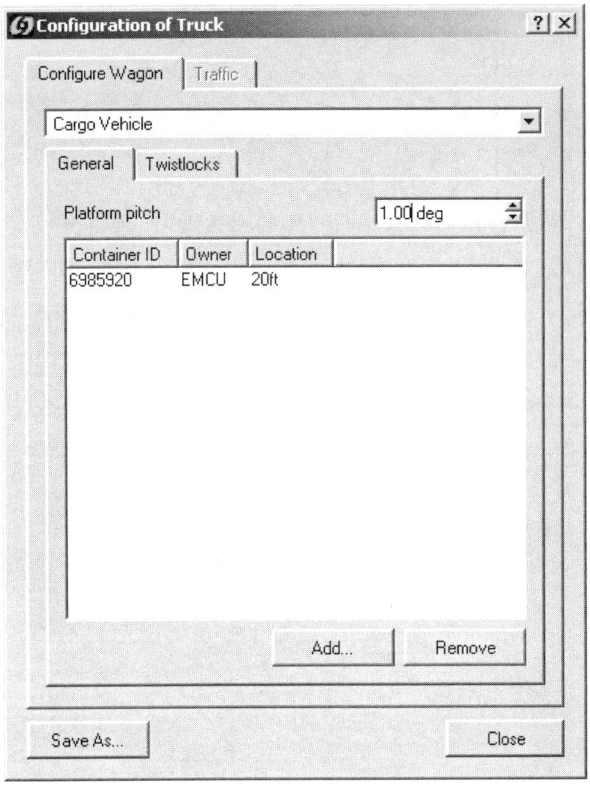

[그림 36] 트럭 설정

컨테이너는 뷰어 상에서 트럭에 추가될 수도 있다. 템플레이트 뷰어에서 드래그/드롭을 해서 컨테이너를 생성하거나 기존에 존재하는 컨테이너를 선택할 수도 있다. 컨테이너를 드래그 해서 원하는 위치에 마우스를 가져가서 드롭을 한다.

컨테이너를 제거하려면, 컨테이너 리스트에서 해당하는 컨테이너를 선택한 뒤 'remove - 제거'를 누르거나, 컨테이너를 뷰어로 드래그/드롭을 하면 된다. 만일 트럭을 수정하는 중 트럭에 컨테이너를 추가/삭제 하였다면, 그 변동사항이 인식되지 않는다. 페이지 상단에서 화물칸을 다시 선택하여서 적용시켜야 한다.

(2) 트위스트락(twist-lock)

트위스트락에는 4가지 세트가 있다.

- 40피트
- 45피트
- 전미 20피트
- 후미 20피트

화물차가 비었을 때는 트위스트락이 내려진다. 사용자는 40피트 혹은 45피트, 혹은 20피트를 하나씩 사용한다. 만일 화물이 추가되었을 때는, 해당하는 컨테이너 사이즈에 맞는 트위스트락이 자동적으로 올려지게 된다. 사용이 불가능한 트위스트락 세트는 비활성화 된다. 트위스트락이 올려져 있는 상태에서는 잠금이 가능하다. 트럭의 트위스트암의 설정 창을 통해 사용자는 어떤 트위스트락을 잠글지를 선택할 수 있다.

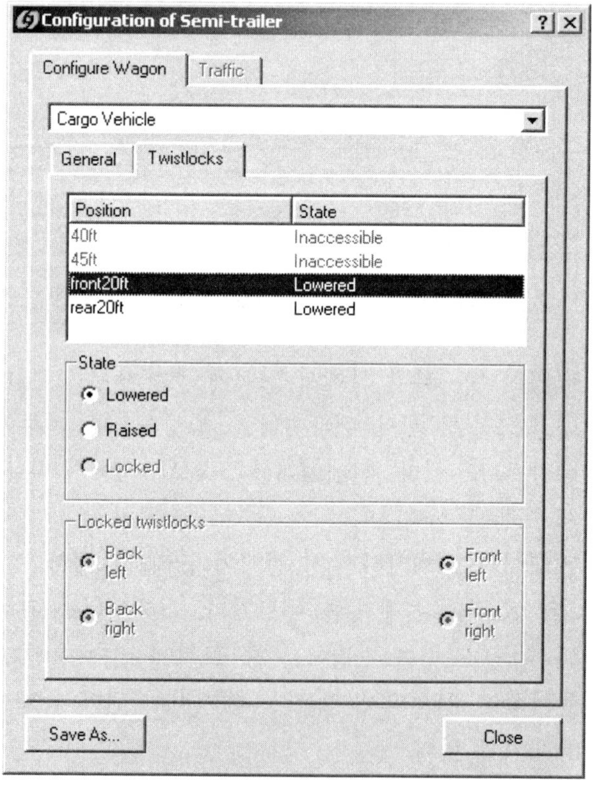

[그림 37] 트럭의 트위스트암의 설정

(3) 자동 운행 교통수단

아래의 차량들은 자동 교통으로 활성화 될 수 있는 차량들이다.

- 트럭
- 트레일러
- 컨테이너 트랙터
- MTS
- 크레이브
- 스트레들 캐리어
- 택시
- 표준 자동차

사용자가 위의 항목을 자동 교통으로 설정하고 싶다면, 템플레이트 뷰어 상에서 드래그/드롭을 하여 물체를 생성하여 속성 에디터를 연다. 탭 중 'traffic - 교통'을 선택한다.

(4) 설정

먼저 경로를 선택한다. 차량 한 대당 1번에 한 경로만을 선택할 수 있다. 그리고 'container as automatic traffic - 자동 교통으로 설정' 체크박스를 선택한다. 최고속도를 지정한다. 차량은 직선 구간에서 지정된 속도로 운행을 하게 된다. 곡선에서는 속도를 줄이게 된다.

'repeat path - 구간 반복' 체크 박스를 선택하면 한 바퀴를 돈 뒤에 차량은 다시 출발을 하게 된다.

'apply - 적용'이나 'ok'를 누르고 변경사항을 적용시킨다.

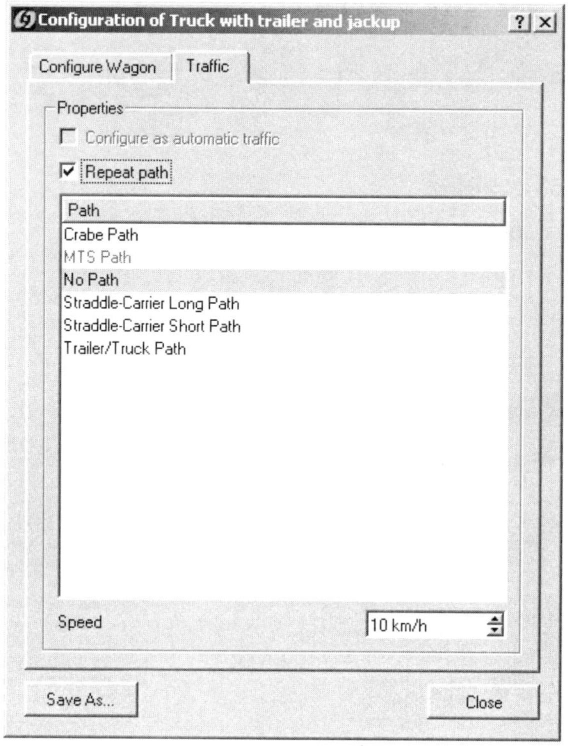

[그림 38] 자동 교통의 설정

화물차들은 자동 교통모드일 때 화물을 적재할 수 없다. 그러기에 사용자는 차량을 자동 교통으로 설정하기 전에 모든 화물을 내려주어야 한다. 자동 교통은 시뮬레이션이 시작되기 전에 설정되지만, 차량들은 시뮬레이션 구동 중에만 움직이게 된다.

자동 교통 차량이 움직이는 중에도 그 경로나 속도가 변경될 수 있다. 경로가 변경된다면 자동 교통 차량은 그 경로의 첫 위치로 가서 이동을 시작한다. 자동 교통을 해지하려면, 설정 창에서 'traffic - 교통' 폴더를 열고 'container as automatic traffic - 자동 교통으로 설정' 체크박스를 해제한다. 그리고 'no path - 경로 없음'을 선택해서 다른 자동 교통 차량의 경로를 위해, 기존의 경로가 삭제되도록 해야 한다. 자동 교통 기능이 해지될 때 'no path'를 적용시켜주지 않으면, 경로는 사용자의 차량을 위해 보존이 된다. 이 기능은 사용자가 자동 교통 기능을 후에 다시 활성화 시키려면 유용하지만, 다른 사용자가 설정해놓은 경로를 차지하지 않도록 주의를 해야 한다. 자동 교통기능이 해지된 차량은 경로의 시작점으로 이동된다. 이미 사용 중인 차량의 경로는, 'ghosted - 유령화' 되어서 선택할 수 없게 된다.

(5) 교통충돌(사고)

자동 교통은 화면상에 크레인과 같은 다른 물체와 충돌할 수 있다. 만일 이런 사태가 발생하면, 자동 교통 물체는 비 활성화되어 멈추게 된다. 몇몇 물체에 있어서는 충돌이 시뮬레이션 상에서 큰 의미를 갖지 않고, 무시될 것이다(예를 들어, 자동 교통 차량은 그냥 지나갈 수도 있다). 이는 자동 교통 물체가 움직이지 않는 화물 차량과 교차할 때이다(예를 들어, 크레인이 차량과 연계하여 작업하고 있지 않을 때).

hiCRANE2 시스템에는 몇 종류의 선박이 있다.

01 바지선(컨테이너, 종합 화물, 벌크)
02 종합 화물선
03 피더(컨테이너)
04 파나맥스 컨테이너선
05 슈퍼 파나맥스 컨테이너선
06 메가 포스트 파나맥스선
07 벌크 캐리어

선박 템플레이트를 드래그 하여 공간으로 불러와서 마우스의 포인터를 바다에 놓으면 선박이 생성된다. 마우스 커서가 바다에 위치하게 되면 선박의 전체적인 크기와 위치를 나타내는 박스가 생성된다. 원하는 위치에서 마우스 버튼을 놓으면 선박이 자동적으로 부두에 정렬한다. 필요하다면 선박은 180° 회전될 수 있다('stepwise rotate - 단계별 회전').

chapter 05

선박 양하 및 적하 작업

5.1 작업환경설정

5.2 컨테이너 선박

5.3 화물선별 해치작업

5.1 작업환경설정

모든 선박에 있어서, 다양한 화물 설정이나 선박 배수량에 따라서 선박의 성질을 모방하기 위해 리스트 값을 설정할 수 있다. 이런 설정은 실습을 생성하는 단계에서만 가능하고, 시뮬레이션이 시작한 뒤에는 불가능하다.

(1) 선박의 움직임

유사한 선박 타입에서는 (바지선과 일반 화물선) 히브, drift 및 slack 와 이어가 설정될 수 있다. 이러한 변수는 부두 인근의 선박의 움직임을 소량이나마 가능하게 한다. 히브는 수직적인 물결을 모방하고, drift는 수평적인 물결을 모방한다.

5.2 컨테이너 선박

(1) 용적과 용량

컨테이너선의 크기와 용량은 다음 테이블에서 설명된다.

[표 3] 선박별 용적과 용량

선박 종류	대략의 선적 용량 (TEU)	선박 사이즈 (m)	데크 구조			저장고 구조		대략의 선적 용량 (TEU)	
			길이	넓이	draft	Layer	Roll	Layer	roll
바지	Barge	90	86	9.5	3.2	-	-	3-4	3
피더	피더	658	118	18.1	7.1	2	7	3	6
파나맥스	Panamax	3000	237	32.2	12.25	2-4-5	13	9	11
슈퍼 파나맥스	Super panamax	6800	300	42.8	13.5	4-6	13-15	9	15
메가 파나맥스	Mega post panamax	9600	336	45.6	15	9	18	10	16

(2) 컨테이너 설정 툴

파나맥스, 슈퍼 파나맥스, 메가 파나맥스 선박이나 피더 선박에 있어서는 컨테이너 설정 마법사를 사용할 수 있다(컨테이너 선박의 화물 설정을 간소화 시킨 것이다). 템플레이트 뷰어에서 앞서 말한 선박으로 화물을 드래그/드롭 하는 것은 가능하지가 않으므로, 컨테이너는 마법사를 사용해서 추가되거나 제거되어야 한다.

선박의 화물 설정은 실습을 생성하는 단계에서만 가능하고, 시뮬레이션이 시작한 뒤에는 불가능하다.

(3) Bay(중갑판 앞부분의 선적 공간)

컨테이너 선박의 컨테이너 구조를 설정할 때 제일 먼저 해야 할 것은 사용자가 화물이나 해치를 배치하고 싶은 구역을 활성화시키는 것이다. 정석적으로는 사용자가 실습에서 사용할 부분만 활성화시키는 것이다. 너무 많은 베이를 활성화시키면 시뮬레이터의 성능을 저하시킨다.

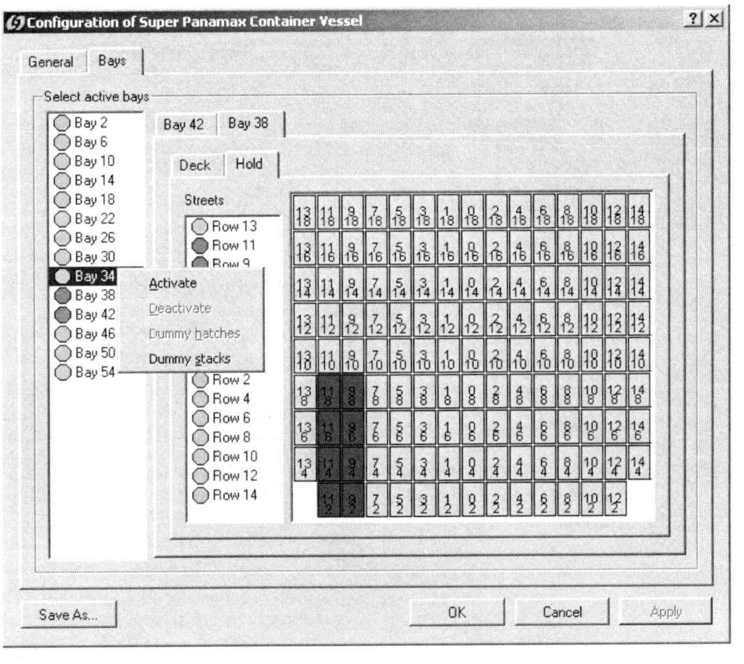

[그림 39] 베이 활성화시키기

왼쪽의 리스트는 선박의 모든 베이를 나열하고 있다. 회색부분이 비활성화된 베이이며, 초록색 부분은 활성화된 부분이다. 활성화된 베이만이 컨테이너를 저장할 수 있다. 베이를 선택하고 오른쪽 클릭의 해당 버튼을 이용하면 활성/비활성이 가능하다(<Ctrl>키를 누르면 복수 선택이 가능하다). 이미 설정이 된 베이를 비활성화 시킬 때에는 (예를 들어, 컨테이너가 존재하는 베이) 컨테이너가 제거되고 모든 설정이 없어지게 된다. 시뮬레이션 시작 시, 비활성 베이는 (디폴트값으로) 가상 컨테이너가 들어서게 된다. 이로 하여 선박이 더욱 자연스러운 모습을 갖게 되고, 현실적인 화면을 구성하게 된다. 이러한 디폴트값은 오른 클릭에서 'dummy hatches - 가상 해치'를 선택하여 변경될 수 있다(이 경우에는 빈 공간에 해치만이 보인다). 이러한 해치들은 움직여질 수 없는 환경의 일부분이다.

(4) 열(row) 설정

베이 전체보기의 오른편에 새 페이지가 생성되어 활성화된 베이의 번호를 나열한다. 각각 베이의 설정에 있어서는 '데크'와 '저장고'가 가능하다.

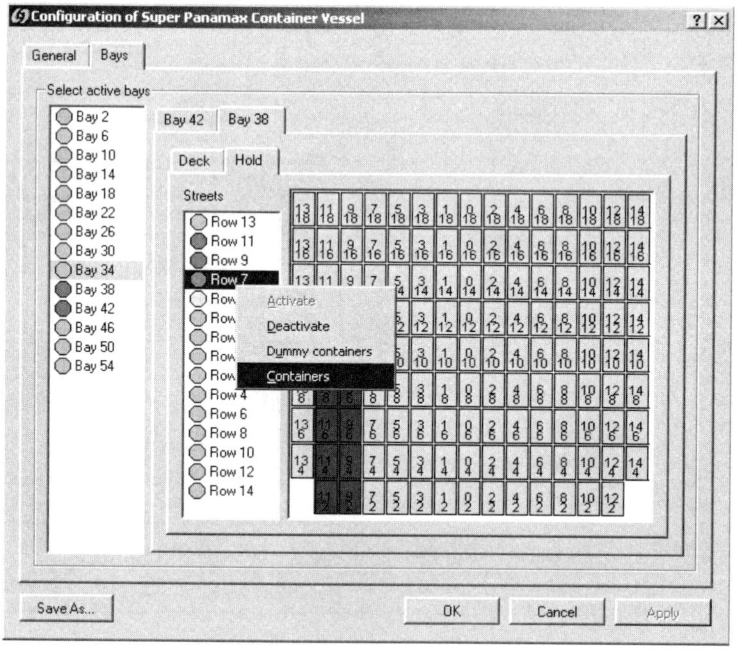

[그림 40] 열 설정

단수, 혹은 복수의 열이 선택되어 오른쪽 클릭 메뉴의 적절한 명령으로 활성/비활성 될 수 있다. 비활성된 열은 회색으로 나타나지며, 활성화된 열은 녹색으로 나타나며, 가상 컨테이너의 열은 노란색으로 표시된다. 가상 컨테이너들은 화면 배경의 일종으로 열에 삽입되며, 들어 올려질 수 없다. 만일 가상 컨테이너가 활성화된 열에 위치하게 되면, 해당 열은 비활성화 된다.

(5) 컨테이너 채우기

유효한 컨테이너들을 위한 열이 설정되면, 오른쪽 클릭에서 'container - 컨테이너' 버튼을 눌러서 컨테이너를 열에 채울 수 있다. 열리는 대화 창에서, 삽입될 유효한 컨테이너의 개수를 조절할 수 있으며, 컨테이너의 템플레이트도 선택될 수 있다.

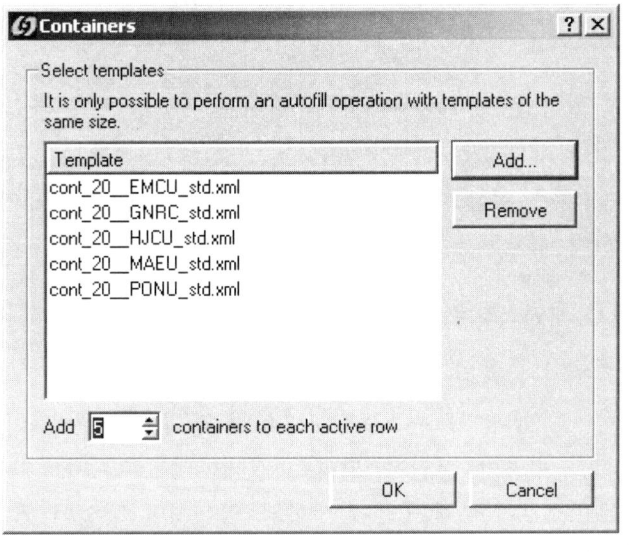

[그림 41] 선박을 자동으로 채우기

'add'는 모든 컨테이너 템플레이트를 불러온다. 몇몇의 템플레이트가 선택될 수 있고, 이 경우에는 열에 무작위로 배치되게 된다. 컨테이너의 템플레이트는 사이즈에 맞게만 설정이 가능하다. 'remove'는 선택된 컨테이너를 삭제한다. 'fill level'은 각 열에 몇 개의 컨테이너들이 배치될지를 결정한다. 'ok'를 선택하면 채우는 과정이 시작되며, 작업을 수행하려면 몇 초가 소요된다. 만일 베이가 자동적으로 1번 이상 채워지게 되면, 기존의 오래된 컨테이너들은 삭제되지 않는다. 새 컨테이너가 기존의 오래된 컨테이너에 더해지게 된다. 컨테이너를 열 단위로 삭제하려면 열을 비활성화시키거나 gird 뷰에서 컨테이너를 선택하여 삭제하면 된다.

(6) 열(row) 별로 컨테이너 접근하기

열 설정 패널의 오른편에는 1~2개의 컨테이너 테이블이 있는 페이지가 있다. 이는 현재 선박에 탑재되어있는 화물을 보여준다. 각 셀에서 열과 층 번호가 보인다. 각각의 색은 다음과 같은 의미를 갖는다.

01 Light gray = 셀이 비활성화되었거나 존재하지 않음
02 Grey = 셀은 현재 비어있음
03 Orange = 셀은 20피트 컨테이너를 적재하고 있음
04 Red = 셀은 40피트 컨테이너를 적재하고 있음

셀이 존재하는 grid상에서, 사용자는 오른쪽 클릭으로 컨테이너를 지우거나 셀에 위치한 컨테이너의 속성을 변경할 수 있다. 컨테이너를 삭제하는 것은 실습을 생성하는 시기에만 가능하다. 컨테이너의 설정은 시뮬레이션이 시작된 뒤에도 가능하다.

(7) 트위스트락(twist-lock) 설정

해치가 잠긴 피더나 파나맥스 선박에서, 트위스트락은 데크 상으로 불러올 수 있다. '트위스트락' 그룹의 라디오 버튼을 이용해서 40피트 컨테이너를 수용할 것인지 20피트 컨테이너를 수용할 것인지를 결정하게 된다. 트위스트락은 데크의 활성화된 열에서만 생성이 될 수 있다. 설정은 시뮬레이션이 시작하기 전에 이루어져야 한다. 트위스트락의 위치가 설정되면, 컨테이너는 컨테이너 설정 대화창에서 선박의 데크에 잠금될 수 있다.

(8) 베이에 hatch 놓기

슈퍼 파나맥스 선박에서 해치는 활성/비활성 될 수 있다. 해치가 없으면 활성 된 베이가 열린 것처럼 보이게 된다. 해치는 선박에서 20피트에 설정된 스프레드를 이용해 분리될 수 있다.

베이의 '데크'패널의 체크박스를 이용해서 해치가 활성화될 수 있다. 해치가 활성화되면 하나의 베이에 모든 저장고위에 디폴트로 나타나게 된다. 각각의 해치는 삭제될 수 있고, 2개의 저장고가 열리고 3번째는 해치가 켜지는 것도 가능하게 한다.

5.3 화물선별 해치작업

바지선은 가장 단순한 선박이다. 컨테이너와 일반 화물을 위한 1개의 템플레이트와 벌크를 위한 1개의 템플레이트가 있다. 바지선은 화물 설정 마법사가 없기 때문에, 바지선에 화물을 선적하기 위해서는 실습을 생성하는 동안 템플레이트 리스트로부터 드래그/드롭을 해야 하거나 시뮬레이션 세션 중에 물체를 바지선으로 옮겨야 한다.

[그림 42] 바지선

다음과 같은 설정이 가능하다.

01 균형(trim)
02 리스트
03 들어올리기(heave)
04 드리프트

균형(trim) 및 리스트 설정은 실습 생성 과정에서만 이루어질 수 있고,

시뮬레이션이 구동 중인 중간에는 설정이 불가능하다.

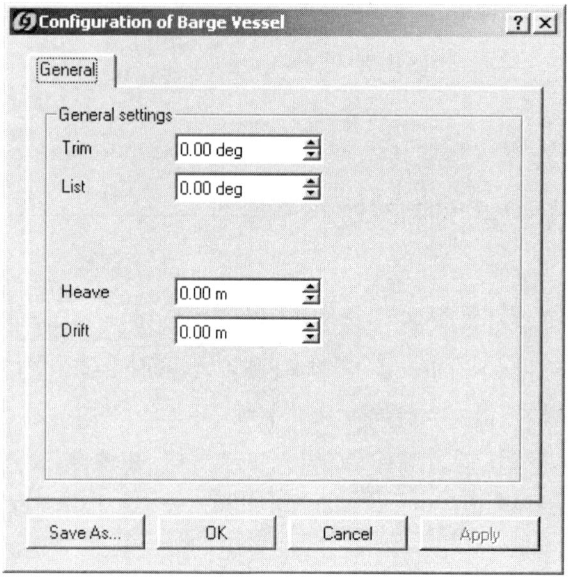

[그림 43] 바지선 설정

(1) 일반적인 화물선

일반 화물선에는 해치가 열린 것과 해치가 닫힌 것, 2가지 유형이 있다.

[그림 44] 해치가 닫힌 일반 화물선

[그림 45] 해치가 열린 일반 화물선

일반 화물선에 화물을 적재하기 위해서는 실습 생성과정에서 템플레이트 리스트에서 물체를 드래그/드롭하거나, 시뮬레이션 세션 중 물체를 선박으로 옮기면 된다.

[그림 46] 해치가 닫힌 피더

[그림 47] 해치가 열린 피더

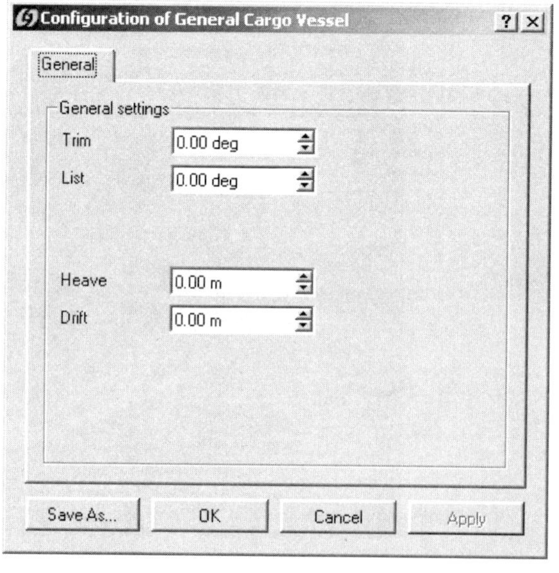

[그림 48] 일반 화물선 설정

다음과 같은 설정이 가능하다.

01 균형(trim)과 리스트

02 들어올리기(heave) 및 드리프트

균형(trim) 및 리스트 설정은 실습 생성 과정에서만 이루어질 수 있고, 시뮬레이션이 구동중인 중간에는 설정이 불가능하다.

(2) 피더(Feeder)

피더 선박은 해치가 열린 것과 해치가 닫힌 것, 2가지 유형이 있다 .

[그림 50] 해치가 열린 피더

자동 채우기가 기능의 사용이 가능하다. 해치가 닫힌 유형에는 트위스트락을 추가가 가능하다. 컨테이너는 열별로 선택할 수 있다.

(3) 슈퍼 파나맥스 화물선(가장 큰 화물선)

[그림 51] 슈퍼 파나맥스선

슈퍼 파나맥스선은 선박 중 가장 크고, 컨테이너의 자동 채우기 기능을 사용할 수 있다.

(4) 가상 hatch 또는 비활성화된 베이의 stacks

비활성화된 베이는 가상 해치나 (들어 올려질 수 없음) 가상 컨테이너 stack으로 (컨테이너 역시 들어질 수 없음) 설정할 수 있다. 디폴트로 비활성화된 베이는 가상 stack으로 설정된다. 이 설정을 바꾸려면 베이 메뉴에서 오른쪽 클릭을 하면 된다.

(5) 해치

해치는 활성화된 베이에 추가할 수 있다. 이러한 해치는 갠트리 크레인으로 선박에서 들어올려질 수 있다. 활성화된 베이의 데크 탭에서 'hatch present - 해치 나타남' 체크박스를 설정해서 해치를 불러온다. 20피트 lock hole의 세트가 해치를 스프레드로 들기 위해서 배치되어 있다.

(6) 홀드 상태에서 컨테이너의 끼임(증가된 마찰력)

파나맥스와 슈퍼 파나맥스선의 설정 대화창에 있는 체크박스로 사용자는 저장고의 마찰력을 높게 또는 낮게 설정할 수 있다. 체크박스를 선택해서 마찰력을 높게 하면 컨테이너를 들어 올릴 때 천천히 똑바로 들어 올리지 않으면 끼임을 초래하기 때문에 싣고 내리는 작업을 어렵게 할 수 있다. 저장고에서 컨테이너가 끼이는 것은 컨테이너 설정 대화 창에서도 설정이 가능하다.

(7) 벌크 화물선(바지선)

[그림 52] 유황 분말로 가득 찬 벌크 바지선

벌크 선박 중 가장 단순한 형태는 벌크 바지선이다. 바지선은 5개의 개별적인 5개의 더미로 채워질 수 있고, 이 설정은 실습 생성과정에서 가능하다.

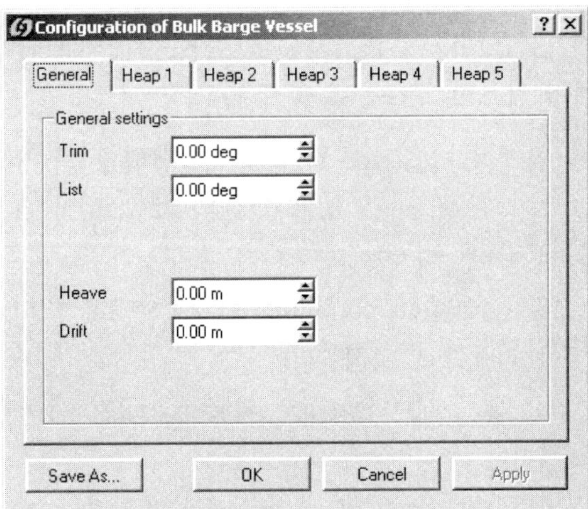

[그림 53] 벌크 바지선의 설정

일반 탭에서는 선박의 들어올리기(heave), 드리프트, 균형(trim), 리스트를 설정할 수 있다. 균형(trim) 및 리스트 설정은 실습 생성 과정에서만 이루어질 수 있고, 시뮬레이션이 구동중인 중간에는 설정이 불가능하다.

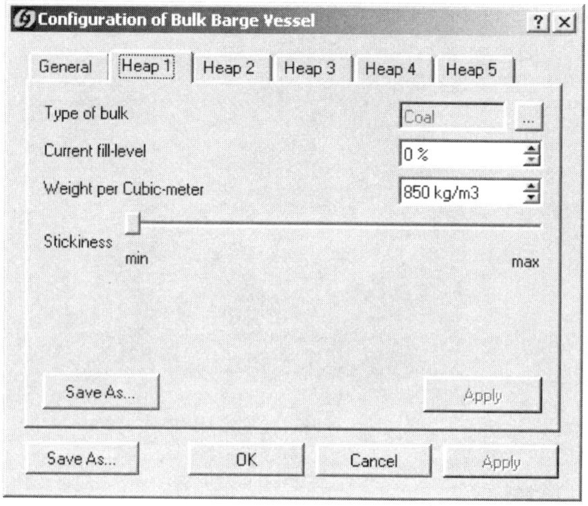

[그림 54] 벌크 바지선의 더미의 설정

대화창의 5개의 더미(heap) 탭에서는 바지선에서 보이는 벌크 더미를 설정할 수 있다. 더미 1은 바지선의 전미에 위치하고, 더미 5는 바지선의 후미에 위치한다. 이러한 설정을 변화는 시뮬레이션이 구동 중에는 불가능하다. 설정이 가능한 부분은 :

- '벌크의 타입(type of bulk)'은 선택된 더미에 현재 선택된 벌크의 내용이다. '...'을 누르면 새로운 타입의 벌크의 선택이 가능한 대화 창이 나타난다.
- '쌓은 레벨(current fill-level)'은 선택된 더미가 초기에 쌓여있는 정도를 퍼센트로 설정한다.
- 'm^3 당 무게(weight per cubic-meter)'는 선택된 더미의 벌크의 무게 설정이다.
- '점도(stickiness)'의 성질은 시뮬레이터로 하여금 선택된 더미의 벌크의 점도를 나타내게 한다. 점도가 높을수록 더미의 경사도가 높아진다.

(8) 벌크 캐리어

[그림 55] 부분적으로 석탄이 채워진 벌크 캐리어

벌크 캐리어는 가장 큰 벌크 선박이다. 8개의 저장고가 있어서 어떤 벌크라도 선적할 수 있게 설정할 수 있다.

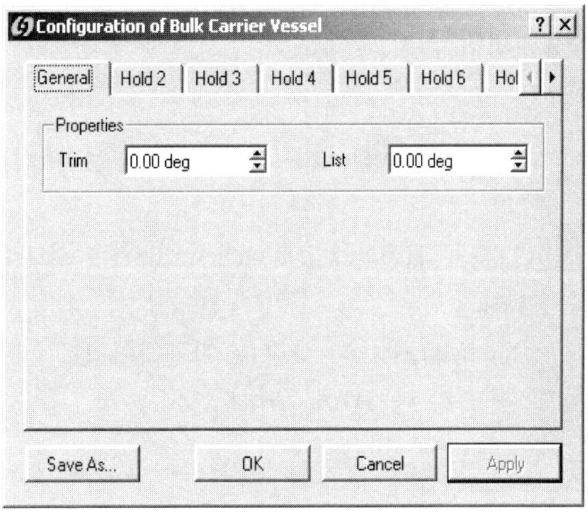

[그림 56] 벌크 캐리어의 설정

일반 탭에서는 선박의 들어올리기(heave), 드리프트, 균형(trim), 리스트를 설정할 수 있다.

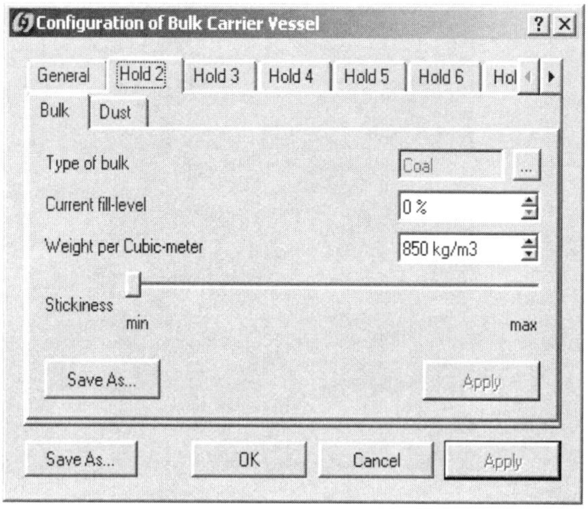

[그림 57] 벌크 캐리어의 설정

대화창의 8개의 저장고 탭에서는 바지선에서 보이는 저장고를 설정할 수 있다. 저장고 2는 바지선의 전미에 위치하고, 더미 9는 바지선의 후미에 위치한다. 저장고 1은 항상 해치가 닫혀 있다. 이러한 설정을 변화는 시뮬레이션이 구동 중에는 불가능하다.

설정이 가능한 부분은 :

- '쌓은 레벨(current fill-level)'은 선택된 더미가 초기에 쌓여있는 정도를 퍼센트로 설정한다.
- 'm^3 당 무게(weight per cubic-meter)'는 선택된 더미의 벌크의 무게 설정이다.
- '점도(stickiness)'의 성질은 시뮬레이터로 하여금 선택된 더미의 벌크의 점도를 나타내게 한다. 점도가 높을수록 더미의 경사도가 높아진다.

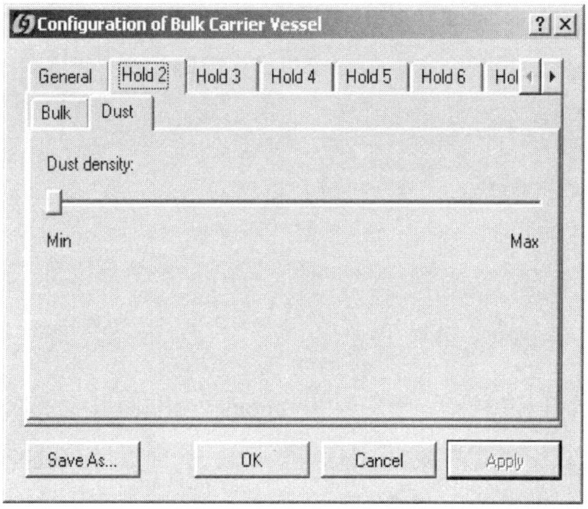

[그림 58] 벌크 캐리어선

저장고 탭의 뒷부분에는 'dust - 먼지' 탭이 있고, 여기서는 먼지의 밀도를 설정할 수 있다. 먼지 밀도의 슬라이더가 'max - 최고치'로 갈수록 저장고에 더 많은 먼지가 나타나게 된다. 먼지의 밀도를 설정하고 그 효과가 나타나게 하려면 'apply' 버튼을 항상 눌러야 한다. 먼지의 색은 저장고에 있는 벌크에 따라서 결정되고 벌크의 타입이 바뀌면 먼지도 따라서 바뀐다. 시나리오에는 작업 위험물 기능을 포함한 운영을 수행한다. 트위스트락이나 벽돌과 같은 작은 물체는 교육자에 의해 설정되어 화면에 배치될 수 있다.

01 얼음, 작은 조각이나 큰 면적
02 트위스트락
03 벽돌
04 박스

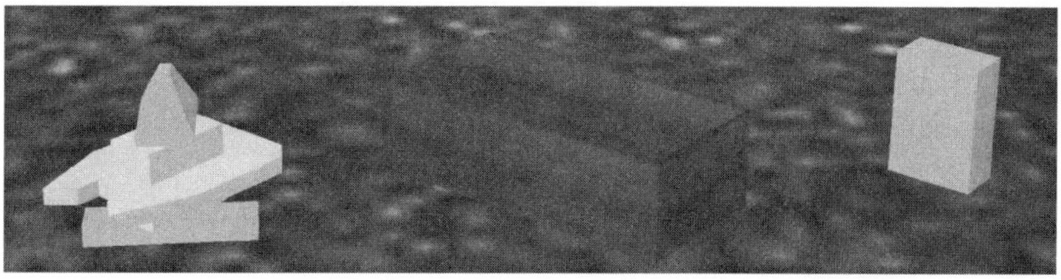

[그림 59] 장애물: 트위스트락, 벽돌 및 박스

이러한 장애물들은 템플레이트 뷰어에서 찾을 수 있고 3D뷰어 상으로 드래그/드롭을 하면 생성된다. 장애물에 대해서 사용자는 무게와 재질의 타입을 설정할 수 있다.

01 아스팔트
02 자갈
03 얼음
04 마찰력이 낮은 강철

울퉁불퉁함의 정도는 'bumpiness-slider - 울퉁불퉁함의 정도'를 이용해서 조절할 수 있다. 이 설정은 모든 스태킹 기계들이 장애물을 지나갈 때 영향을 미친다.

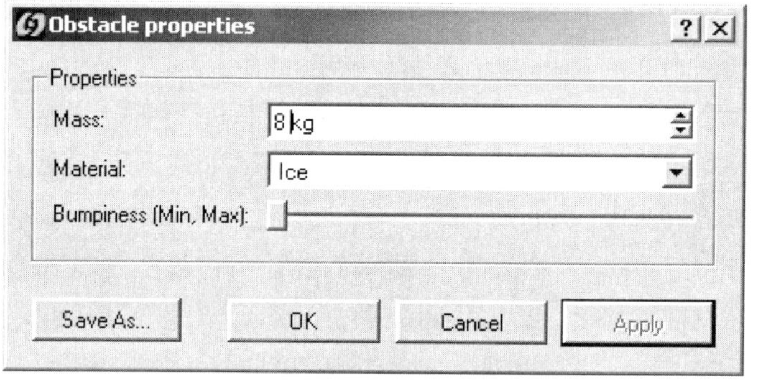

[그림 60] 장애물의 설정

실습 생성과정에서 인력을 투입할 수 있다. 교육자는 시뮬레이션 세션 중에 투입된 인력들을 통제할 수 있다. 인력들은 banks man, 화물차 운전자, 또는 데크 인력으로 기능을 한다. 인력은 터미널 지역이나 선박에 위치한다.

chapter 06

양적 및 적하 작업

6.1 작업자 수신호

템플레이트 뷰어에서 기수 템플레이트를 사용해서 실습에 기수를 투입할 수 있다. 기수는 선박이나 땅에 위치한다.

(1) 제어

기수를 통제하기 위해서는 뷰어 상에서 기수를 선택하고 오른쪽 클릭을 해서 'edit properties - 설정 수정'을 선택한다. 열리는 대화창은 교육자로 하여금 기수에게 어떤 신호를 할 것인지 조정할 수 있도록 한다. 교육자는 기수를 화면상에서 이동시킬 수도 있다. 만일 기수가 움직이는 트럭에 치이게 된다면 (예를 들어 스트래들 캐리어나 어떤 종류의 화물) 기수는 죽게 된다. 이는 기수가 더 이상 화면상에서 이동을 하거나 신호를 보낼 수 없다는 뜻이다. 기수는 이제 공간상에서 물리적인 물체에 지나지 않는다.

기수는 다음과 같은 신호를 보낼 수 있다.

01 화물을 올리거나 내림
02 boom(기계팔)을 올리거나 내림
03 기계팔을 기계방향/시계 반대방향으로 회전
04 OK나 NO
05 정지

기수는 다음과 같은 행동을 할 수 있다.

01 전진
02 후진
03 좌회전
04 우회전

(2) 기수 신호 (Signal)

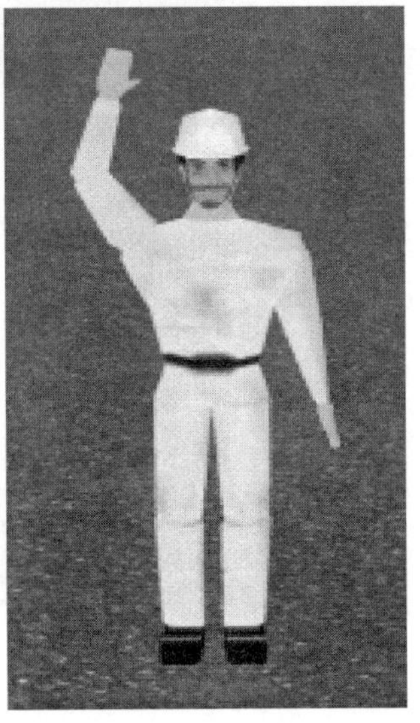

[그림 61] 화물 올림

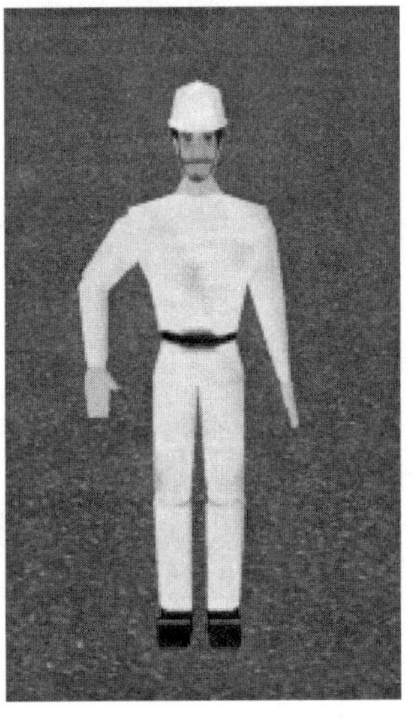

[그림 62] 화물 내림

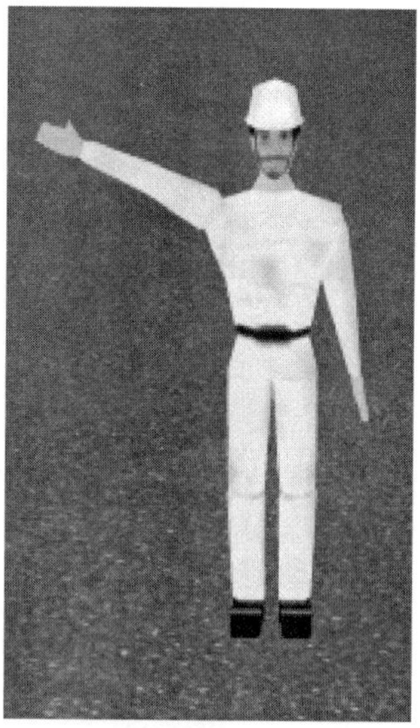

[그림 63] 붐 올림

[그림 64] 붐 내림

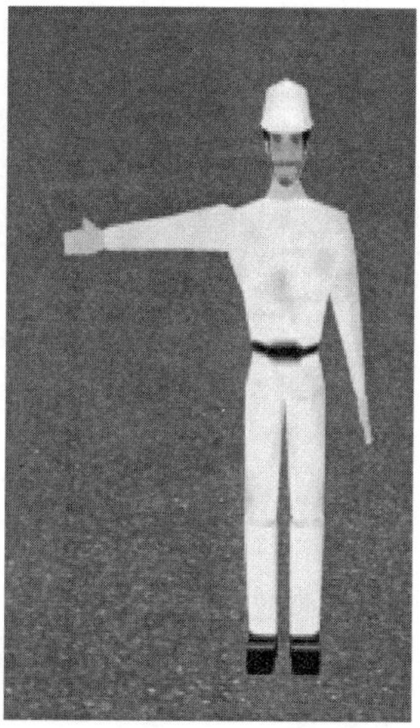

[그림 65] 붐을 시계방향으로 회전

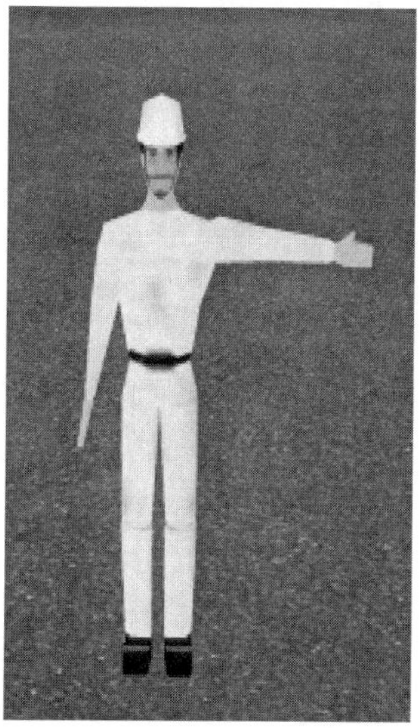

[그림 66] 붐을 시계 반대방향으로 회전

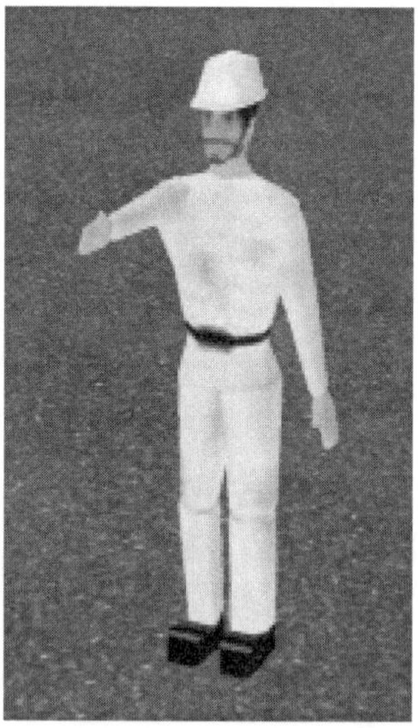

[그림 67] OK

[그림 68] Not OK

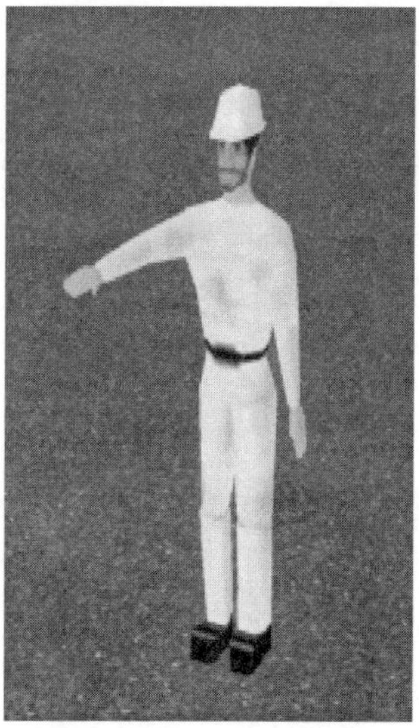

[그림 69] 멈춤

6.2 보조장치

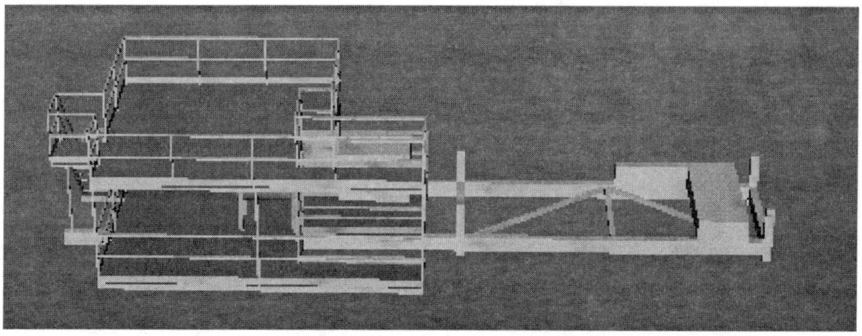

[그림 70] 청소 프레임

몇몇의 보조장치의 사용이 가능하다. 다음은 특수한 유형의 화물이며, 컨테이너와 같은 특성을 가지고 움직이며 일반 스프레드에 의해서 들어 올려지거나 옮겨진다.

01 청소 프레임

02 인력 이동기

03 컨테이너 타입의 인력 이동기

04 구조 플랫폼

위 항목들은 다른 플러그인들과 같이 템플레이트에서 뷰어로 드래그/드롭을 하여 생성된다. 보조도구에 있어서 사용자는 2가지 속성을 설정할 수 있다:

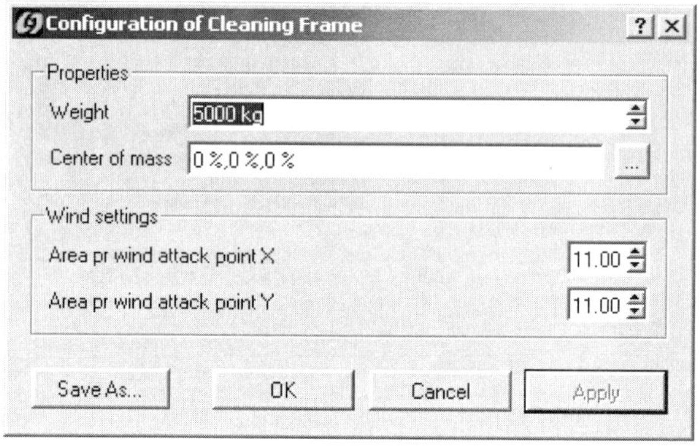

[그림 71] 청소 프레임의 속성

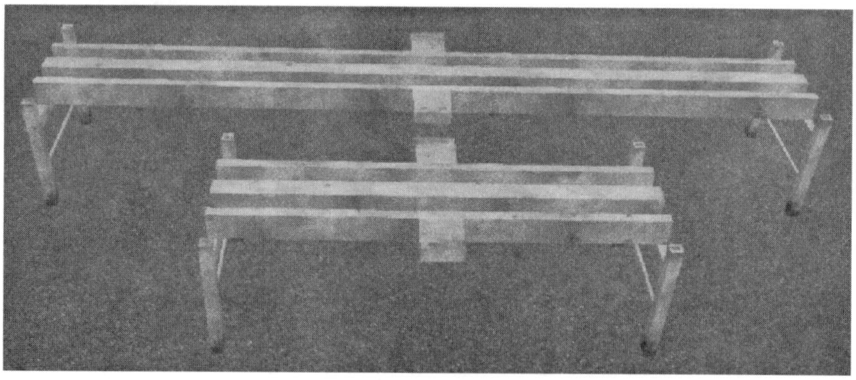

[그림 72] 높이 초과 버팀목(spreader)

긴 스프레더는 20피트와 40피트의 2개의 고정 길이로 제공된다. 이들은 스트래들 캐리어나 트윈 리프트 기능이 있는 스프레드로 STS 컨테이너와 갠트리 크레인과 함께 사용할 수 있다.

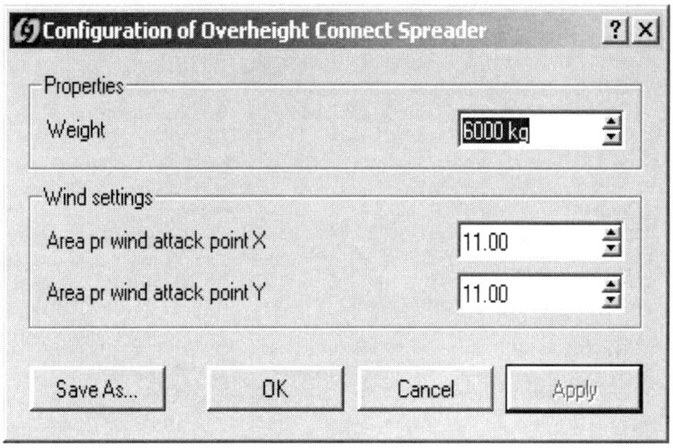

[그림 73] 초과 높이 스프레드의 설정

(1) 스프레드 연결

스프레드를 연결하려면 :

01 트윈리프트를 활성화시킨다.
02 초과 높이 스프레드 모드를 활성화 시킨다.
03 초과 높이 스프레드상에 있을 때 트위스트락을 잠근다.
04 초과 높이 스프레드 모드를 비활성화 시킨다.

(2) 스프레드 해제

스프레드를 해제하려면 :

01 초과 높이 스프레드모드를 활성화시킨다.
02 트위스트락을 해제한다.
03 초과 높이 스프레드모드를 해제한다.

chapter 07

시뮬레이터 운영 제어 어플리케이션

7.1 항만크레인시뮬레이터 주요 기능

본 교재는 hiCRANE2 시뮬레이터 소프트웨어의 운영 제어 어플리케이션의 운영 및 기능을 설명한다. hiCRANE2 계열의 시뮬레이터들은 크레인이나 스태킹 설비 운전 트레이닝을 안전한 가상 세계에서 수행하는 진보된 시뮬레이터 시스템이다. 운전자 제어 어플리케이션은 시뮬레이션 공간에서 운전자가 크레인, 스트레들 캐리어나 RTG를 운전하는 유저 인터페이스의 일종이다.

(1) 주요명칭

용 어	설 명
UI	유저 인터페이스
GUI	그래픽 유저 인터페이스
LAN	랜(로컬 네트워크)
6-DOF	6 degree of freedom(6단계 자유)
XML	Extensible Markup Language hiCrane2의 설정 파일의 확장자
RSS	Remote Starter Services 교육자 스테이션 어플리케이션에서 startup과 shutdown시에 시뮬레이션 프로그램의 시작과 종료에 메시지에 반응하는 시뮬레이터 시스템의 컴퓨터상에서 가동되는 서비스
RCCC	Render Client Camera Configuration 유지/보수 담당자가 시뮬레이션장비에 설치된 카메라를 보정하는데 쓰임
STS	Ship To Shore 육지로 배송
용어	설명

본 단원은 다양한 크레인이나 스태킹 설비 모듈의 다양한 제어 시스템의 기본 구조와 기능에 대해서 설명한다.

전체 시뮬레이터의 제어 시스템은 다음과 같이 구성되어 있다.

01 조이스틱

02 운전실 의자 팔걸이 위 버튼과 램프들

03 운전대와 페달(스트레들 캐리어만 해당)
04 균형(stability) 미터(스트레들 캐리어만 해당)
05 가이드 플리퍼 스위치(STS 컨테이너 갠트리 크레인만 해당)
06 운전자 제어 어플리케이션(OCA)

Full-scale 시뮬레이터 운전석의 제어 시스템의 팔걸이의 버튼과 램프 같은 추가적인 기능도 Full-scale과 Part-task 시뮬레이터에서 같은 기능을 갖도록 소프트웨어를 개조한 버튼과 램프를 제공한다.

7.2 운전자 제어 어플리케이션

운전자 제어 어플리케이션(OCA)은 full-scale 시뮬레이터 운전석 내부의 터치스크린으로 제어되기 때문에 주로 “touch screen application - 터치스크린 어플리케이션”이라고 불려진다. 운전자 제어 어플리케이션은 학습자가 크레인이나 캐리어를 조종하게 만들어져 있다.

full-scale 시뮬레이터 운전석에서 터치스크린을 사용하거나 마우스로 part-task를 이용해도 쉬운 유저 인터페이스와 더불어, 어플리케이션은 조이스틱, 운전대, 및 발 - 페달에서 명령을 포함할 수 있으며, 팔걸이의 램프나 균형(stability) 미터에서 갖가지 반응도 볼 수 있다. 조이스틱이나 버튼에서 찾아지지 않는 기능이나, 팔걸이의 램프에서 찾아지지 않는 반응은 운전자 제어 어플리케이션의 GUI를 통해 가능하다.

운전자 제어 어플리케이션은 알람시스템도 포함하고 있어서, 별도의 페이지의 알람 리스트의 알람이나 인식하지 못한 오래된 알람도 어플리케이션 각 페이지의 베너에서 찾아볼 수 있다. 모든 STS 컨테이너와 스트레들 캐리어에 있어서 제어 어플리케이션은 물류 페이지를 포함하여 운전자가 어떤 컨테이너를 들어올리고, 그 위치와 목적지에 대한 정보 관련 메시지도 바로 찾아볼 수 있다. 본 장의 나머지는 알람 시스템과 물류 시스템을 언급할 것이다. 몇몇 타입의 크레인이나 캐리어의 특수한 기능은 다른 단원에서 다루어진다.

(1) 일반적인 구성

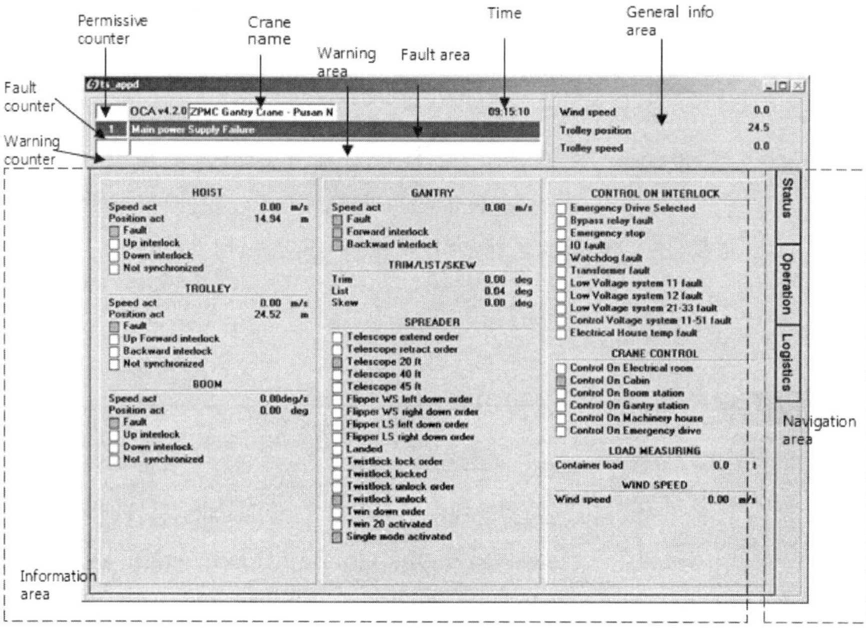

[그림 74] 일반적인 구성

(2) 어플리케이션

어플리케이션의 윗부분은 알람 베너로 이루어져 있어서 운전자가 항상 볼 수 있다.

01 크레인 이름
02 시간
03 수락 카운터
04 결점 카운터
05 경고 지역
06 경고 카운터
07 경고 지역
08 일반 정보 지역
09 네버게이션 지역

㉠ 수락 카운터: 현재 수락하고 있는 이벤트를 보여준다. 수락할 이벤트가 생기면 카운터는 밝은 파란빛이 들어온다. 수락 카운터를 누르면 수락 창이 열린다.

㉡ 결점 카운터: 현제 결점의 숫자를 보고한다. 이벤트에 결점이 생기면, 밝은 빨간색으로 변한다. 결점 카운터를 누르면, 결점 창이 열린다.

㉢ 결점 영역: 최근의 결점을 보고한다. 결점 영역을 누르면, 결점 창이 열린다.

㉣ 경고 카운터: 현재 진행되고 있는 경고내용을 보고한다. 경고할 내용이 생기면 밝은 노란색으로 변한다. 경고 카운터 또는 영역을 누르면, 경고 대화 창 박스가 열린다.

㉤ 경고 영역: 최근의 경고를 보고한다. 경고 카운터 또는 영역을 누르면 경고 대화 창 박스가 열린다.

㉥ 일반 정보 지역: 여기서는 미리 결정된 신호 목록에서 정보를 선택할 수 있다. 3개의 신호가 동시에 나타날 수 있다. 각 신호를 누르면, 드롭다운 메뉴가 열린다. 그 범위에 보여줄 신호를 선택한다.

설명자가 응용 프로그램에서 크레인 또는 운송기에 오작동을 내거나, 또는 운영자가 크레인 또는 운송기를 범위 밖으로 운영하면, 하나 이상의 경보신호가 운영 관리 시스템의 경보 시스템으로 전달된다. 경보기는 수락 이벤트, 경고 또는 결점 이벤트라고 볼 수 있다.

어떤 경보장치의 특정된 소리에 의해, 경보기의 사이렌을 개시할 수 있다. 사이렌은 침묵 단추를 누르면 꺼진다. 침묵 단추는 항상 사이렌을 끄며, 경보 배너에 보이는 특정 소리의 경보 장치와는 별도로 작동한다.

(3) 수락 창

"수락 카운터"를 누르면 수락 창이 열린다. 수락 창은 현재 진행 중인 수락 이벤트의 목록을 보고한다. 수락 창을 닫으려면, 창의 하얀 부분을 2번 누르면 된다.

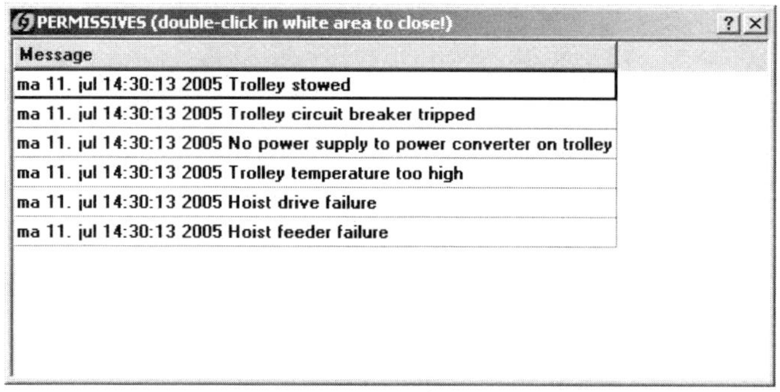

[그림 75] 수락 창

(4) 결점 창

"결점 카운터" 또는 "결점 영역"을 누르면 결점 창이 열린다. 결점 창은 현재 진행 중인 모든 결점 사항을 보고 한다. 결점 창을 닫으려면, 창의 하얀 부분을 2번 누르면 된다.

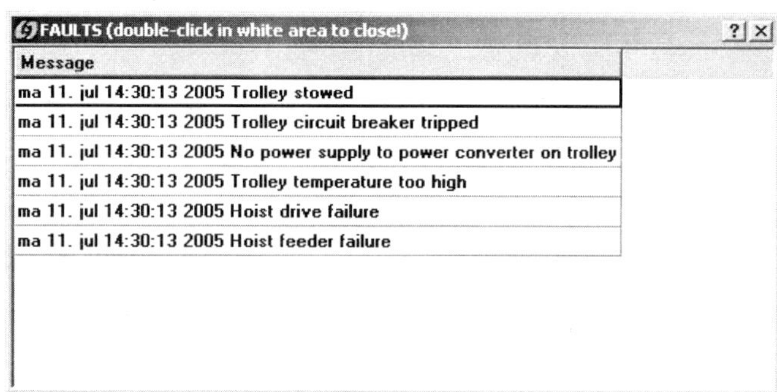

[그림 76] 결점 창

(5) 경고 창

"경고 카운터" 또는 "경고 영역"을 누르면 경고 창이 열린다. 경고 창은 현재 진행 중인 모든 경고 사항을 보고한다. 경고 창을 닫으려면, 창의 하얀 부분을 2번 누르면 된다.

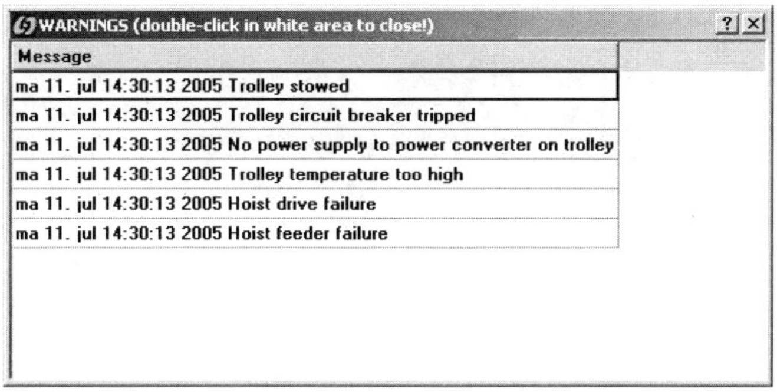

[그림 77] 경고 창

(6) 일반 정보 영역

3개의 개별적 신호가 동시에 일반 정보 영역에서 작동할 수 있다. 미리 정해진 각 범위/줄에서 신호를 선택할 수 있다. 각 신호를 누르면, 드롭다운 메뉴가 열리고, 표시하고 싶은 신호를 범위 안에서 선택한다. 각 크레인마다 선택할 수 있는 옵션이 다를 수 있다.

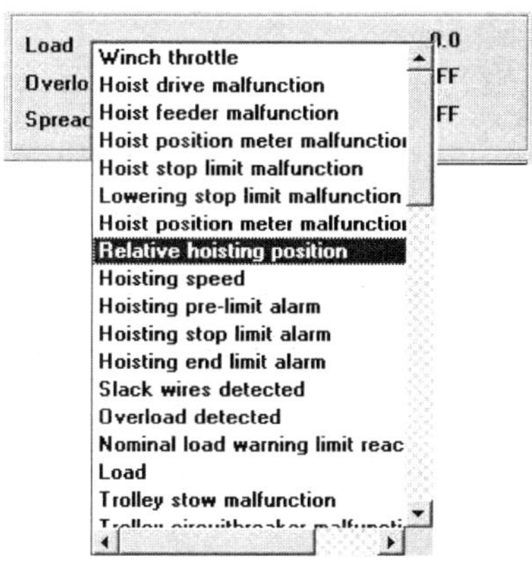

[그림 78] 일반 정보 영역

(7) 네버게이션 범위

여기 있는 텝들을 이용해서 메인 페이지에서 다른 하위 페이지로 이동할 수 있다(하위 페이지에 있는 경우에 속함).

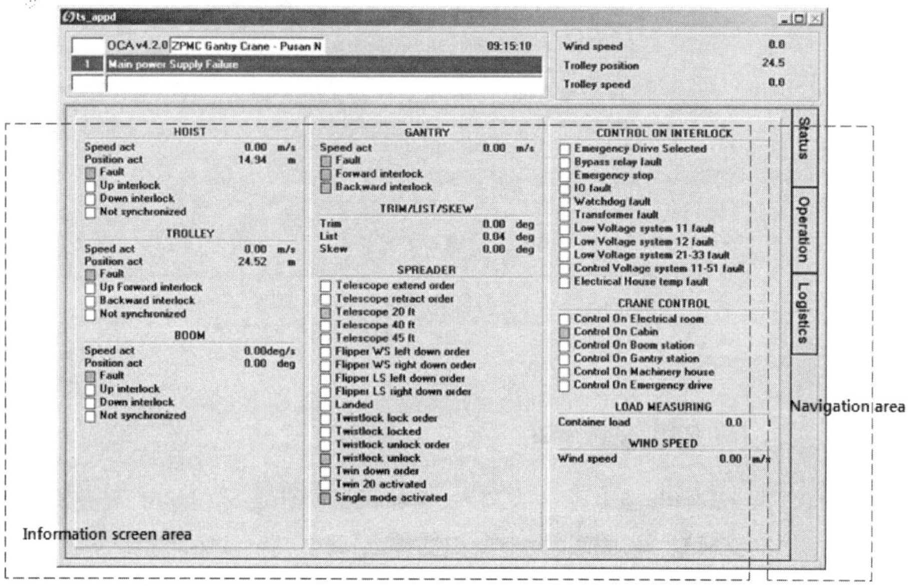

[그림 79] 네비게이션 범위

01 페이지 탭 키

각 페이지는 네버게이션 범위의 오른쪽 텝으로 표시한다. 텝을 누르면 해당되는 페이지가 정도 스크린 범위에 뜬다.

02 하위 페이지 버튼

어떤 페이지들은 하위 페이지가 있을 수 있다. 이런 페이지들은 버튼으로 네버게이션 상단 왼쪽에 표시된다. 하위 페이지를 열려면 해당 버튼을 누르면 정보 스크린 범위에 뜬다. 그리고 하위 페이지 버튼은 현재 작동중이란 의미로 계속 눌려진 모습이 화면에 보인다.

03 정보 스크린 범위

여기는 여러 가지의 페이지와 하위페이지가 표시되는 곳이다. 그래서 이 범위의 형태는 각 페이지와 하위 페이지마다 다를 수 있다.

04 물류 시스템

운영 관리 프로그램은 물류 시스템을 포함하고 있어 실습상의 운전자가 실행해야 할 과제를 선정할 수 있다.

교육자는 교육자 어플리케이션의 물류 설정 툴에서 실습상의 물류 과제를 추가할 수 있다. 물류 과제는 터미널 지역 내에서나 선박, 차량, 열차에서 컨테이너의 움직임을 말한다. 과제는 어느 타입의 설비(크레인/캐리어)가 과제를 하는데 필요한지도 말해준다. 시뮬레이터가 시작되면, 크레인이나 캐리어에 과제가 전달되고, 전달된 과제는 물류 페이지의 리스트에 나타나게 된다.

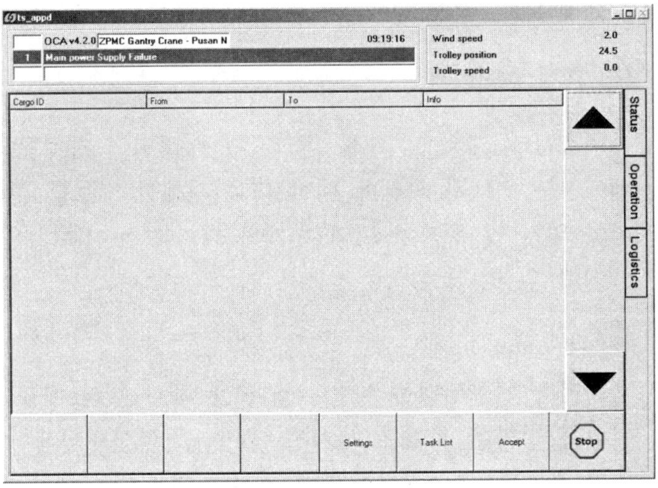

[그림 80] 물류시스템 운영 창

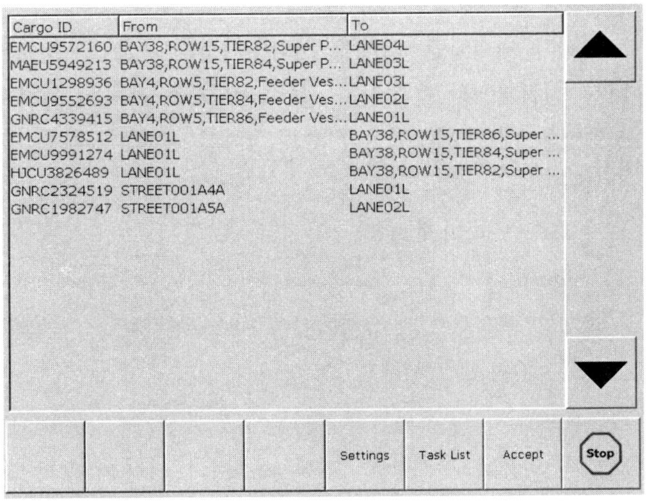

[그림 81] 물류시스템 업무 리스트 창

05 작업

▲ 페이지 이상의 과제 리스트를 위로 스크롤하기

▼ 페이지 이상의 과제 리스트를 아래로 스크롤하기

㉠ 선택 : 리스트에서 과제 누름/클릭

㉡ 수락 : 리스트에서 선택된 과제 가져오기

㉢ 설정 : 설정 하위 페이지를 연다

과제 목록 설정 페이지가 활성화 되었다면 과제 리스트 페이지로 돌아간다.

(8) 과제 수락하기

과제가 선택되면, 과제 리스트가 사라지고 새로운 페이지가 보인다. 이 페이지는 선택된 과제에 대한 더욱 자세한 정보를 준다. 화물의 시리얼 넘버와 위치 및 목적이 이외 무게와 크기도 보여준다.

이제 운전자는 2가지 선택을 할 수 있다.

01 과제 sign-in하기 :

과제가 완료되었을 때는 sign-in을 해야 한다(예를 들면, 해당하는 컨테이너가 정확한 위치로 옮겨진 것이다). 현실세계에서와 같이 맞는 컨테이너가 옮겨졌는지, 정확한 위치로 옮겨졌는지에 대한 확인 작업은 수행되지 않는다.

02 과제 취소하기 :

과제가 취소되면, 과제를 시작하지 않은 것으로 간주된다(예를 들면, 컨테이너가 원위치에서 움직이지 않은 것이다). 과제는 운전자가 맞지 않는 과제를 선택했을 때만 취소되어야 한다. (예를 들면, 주어진 장소에서 찾은 컨테이너가 화물 ID와 일치하지 않는다). 과제가 sign-in되거나 취소될 때는 과제 리스트가 다시 나타나게 된다.

03 Sign-in :

과제가 성공적으로 수행되었을 때만 이 버튼을 누른다. 과제 리스트가 열리고 새로운 과제가 선택될 수 있다.

04 취소 :

현재 과제를 취소한다. 과제 리스트가 다시 열리게 되고, 새로운 과제가 선택 가능하다. 취소된 과제는 리스트에 남게 된다.

(9) 설정

STS 컨테이너 크레인 모듈에 있어서, 과제 리스트는 특정한 크레인 버퍼에 나가거나 들어오는 컨테이너만 보이게 할 수 있다. 크레인 버퍼란 선박 화물칸에서 들어오고 나가는 컨테이너를 나타내는 모든 과제의 추상적인 표현이다. 이 컨테이너들은 이러한 과제에 지정된 1개의 크레인으로 다루어진다.

STS 컨테이너 크레인의 운전자는 해당 크레인을 크레인 버퍼에 등록하여 물류 과제가 운전 제어 어플리케이션 리스트에 나타나게 할 수 있다. 교육자는 운전자에게 정확한 크레인 버퍼를 전해주어야 한다. 실습을 생성할 때, 교육자는 선박을 채우고 선박에서 들어오고 나가는 컨테이너의 물류 과제를 생성한다. 이러한 과제들은 하나, 또는 그 이상의 크레인들에 의해 다루어지고 실습에 따라 여러 베이에서 나누어 진행될 수 있다. 교육자는 1개에서 5개의 크레인 버퍼를 지정해서 과제를 수행할 크레인의 수를 결정한다. 그 후, STS 컨테이너 크레인은 부두지구에 배치될 수 있으며 운전자가 시작할 때 이중 하나를 크레인 버퍼에 배치할 수 있다.

교육자는 어느 순서라도 크레인 버퍼를 생성할 수 있으나 왼쪽에서 1부터 보통 시작하고 (해측) 버퍼 숫자를 오른쪽으로 증가시켜 어느 크레인이 어느 버퍼에 배치되어야 하는지, 버퍼가 어디에 위치하여 있는지를 알 수 있다.

예를 들어, 슈퍼 파나막스선에서는 2개의 크레인이 같은 선박에서 작업을 한다면, 왼쪽에 크레인이 크레인 버퍼 1(혹은 둘 중 낮은 번호)이며 오른쪽이 크레인 버퍼 2(혹은 둘 중 높은 숫자)인 것이 보통이다.

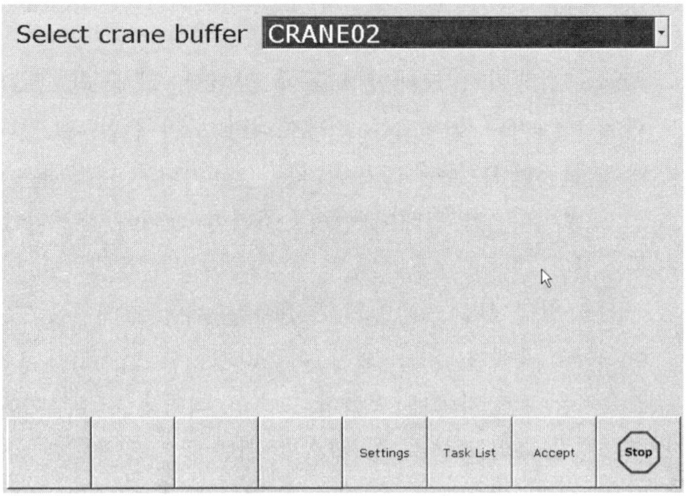

[그림 82] 물류로직 설정

[표 4] 용어설명

용 어	설 명
플러그인 (plug-in)	프로그램의 일부로, 설치되면 메인 프로그램에서 모듈로 사용한다. hiCRANE2 시스템에서 대부분의 연습 물체들은 plug-in이다.
Dll	프로그램 파일로 plug-in의 프로그램 설명이 포함되어 있다.
%hiCRANE2_HOME%	시스템의 홈 디렉터리이다. 이 디렉터리는 시스템이 구성되어 있는 모든 디렉터리를 포함한다.
템플레이트 파일 (Template File)	템플레이트는 XML 파일로 plug-in의 형태를 나타내는 것이다.
IV 파일	iv는 open inventor의 파일 포맷이다. iv 파일은 시뮬레이터 상에서 3D모델을 포함하고 있다.
Naming service	교육자 스테이션에서 전화번호부 같은 역할을 하는 서비스로, 시뮬레이터의 어느 부분이 시작되어야 할지는 인식하게 해주는 기능을 한다.

chapter 08

ZPMC 갠트리 크레인 모델링 시뮬레이팅

8.1 ZPMC 갠트리 크레인

본 교재는 ZPMC 갠트리 크레인을 모의 조작하는 hiCRANE2 시뮬레이터의 STS 갠트리 크레인 모듈의 조작방법과 기능성을 설명한다. 항만크레인 시뮬레이터의 능력범위는 진보된 시뮬레이터 시스템으로서 안전한 범위내의 가상공간에서 크레인 운송기와 스트레들 운송기의 사용자를 교육시키기 위해 만들어졌다.

(1) 용어설명

01 UI(User Interface) :
사용자 인터페이스

02 GUI(Graphical User Interface) :
그래픽 사용자 인터페이스

03 XML(extensible Markup Language) :
hiCRANE2의 구성파일과 확장자를 식별하는데 쓰이는 언어

04 STS(Ship To Shore) :
해안으로의 운송

8.2 사용자 응용 프로그램

(1) ZPMC 갠트리 크레인 구성

스프레더를 이용한 1가지 종류의 갠트리 크레인은 유효하다. 항만크레인 소프트웨어는 사용자들에게 실재로 갠트리 크레인 사용을 할 때는 보통 변경할 수 없는 매개 변수(parameters)를 설정가능 하도록 한다. 이를 통해서 크레인 사용 반응을 실재 어느 크레인 모델이건 상관없게 적응시키도록 한다. 실제 중량, 속도와 가속도 등이 변화될 수 있는 매개 변수중의 한 예이다. 기능 불량들은 연습 중에 나타나도록 설비할 수 있고 혹은 가상 프로그램 세션도중 손수 일으킬 수 있다.

(2) 일반적인 매개 변수

'General' 페이지에서는 다음과 같은 매개 변수들을 설정할 수 있다.

01 Name :

이것은 편집된 크레인의 이름이다. 연습도중 보다 쉽게 크레인들을 구분하기 위해서 수정된 파일들에게 각각 다른 이름을 지정하는 것이 현명하다.

02 Load limit(적재 화물 수용 한계) :

크레인이 들 수 있는 최대 무게

03 Nominal load warning limit(명목 적재 화물 수용 한계 경고) :

적재 화물 수용한계의 백분율로서 이때 'Nominal load warning(명목 적재 화물 수용 한계 경고)' 경고음을 일으킨다.

04 Overload alarm limit(과적 알람 한계) :

적재 화물 수용 한계의 백분율로서 이때 'Overload alarm(과적 알람)'을 일으킨다.

05 Wind speed limit(바람의 속도 한계) :

바람의 속도 한계를 결정한다. 바람의 세기가 한계를 넘어설 때 경고음이 발생한다.

06 Area pr wind attack point X / Y :

바람에 영향을 받는 X 방위 혹은 Y 방위 안에 있는 지역범위를 나타낸다. 그 지역범위가 클수록 바람이 크레인에게 주는 영향이 더욱 커진다(더 자세한 건 바람에 관하여 설명한 문서를 참고).

07 Stow :

사용자로 하여금 각각의 시스템들의 움직임을 방지하면서 기중기의 팔 부분(기중기의 팔), 크레인 혹은 도르래들을 싫을 수 있는 가능성을 준다.

(3) 속도와 가속도

'Speed and acceleration' 페이지에서는 다음과 같은 매개 변수를 'No load(적재 불가)', 'Light load(적은 적재)', 'Full load(가득 찬 적재)' 같은 조건 아래에서 설정할 수 있다.

01 Winch acceleration(윈치 가속도) :

윈치의 기중기나 내림의 가속도를 결정한다.

02 Winch speed(윈치 속도) :
윈치의 기중기나 내림의 속도를 결정한다.

03 도르래 acceleration(도르래 가속도) :
도르래의 가속도를 결정한다.

04 도르래 speed(도르래 속도) :
도르래의 최대속도를 결정한다.

'% max load'란의 백분율을 조정함으로써 'No load', 'Light load' and 'Full load'가 어떤 곳에 적합한지를 결정한다. 예를 들어 'Light load'란에 30%를 넣게 되면 최대 적재량보다 30% 적은 적재량이 'Light load'라 여겨지고 이것에 대응하는 가속도나 속도가 사용되어지게 된다.

05 Traveling speed and accelerations(주행 속도와 가속도) :
최대 주행 가속도와 속도를 결정한다.

06 기중기의 팔 부분 speed and accelerations(기중기의 팔 부분의 속도와 가속도) :
기중기의 팔 부분의 최대 끌어올림 이나 내림의 가속도와 속도를 결정한다.

07 Pre-limit stop warning speed reductions(사전한계 속도 감소 정지 경고음) :
사전한계를 초과하게 되면 사용되는 속도 감소를 설정한다.

(4) 위치 범위

'position boundaries(위치 범위)' 페이지에서는 다음과 같은 매개 변수를 설정할 수 있다.

01 Winch position limits(윈치의 위치 범위) :
스프레드가 물가 쪽이나 육지 쪽에서 각각 얼마나 멀리 높이 혹이 낮게 작동될 수 있는지를 결정한다. 매개 변수들은 땅의 높이와 관련이 있다.

02 도르래 LS / WS limit(해측 또는 육측 범위) :
해측이나 육측 사이에서 도르래가 변하는 점을 지정한다.

03 도르래 position limits(도르래의 위치 범위) :
도르래가 육지나 물가 에서 얼마나 멀리 이동할 수 있는지를 결정한다. 서있는 상태에서 측정을 하고 그 지점을 0이라고 정한다. 앞으로 뻗어나가면 음수로 뒤로 뻗으면 양수로 정한다.

04 Left and right traveling position limits(좌, 우의 이동 위치 범위) :
크레인이 놓인 장소나 적재된 장소에서 얼마나 멀리 이동할 수 있는가를 결정한다.

05 기중기의 팔 부분 position limit(기중기의 팔 부분 위치 범위) :
기중기의 팔 부분이 몇 도나 회전을 혹은 들어 오르는지 결정한다.

06 Trim, list and skew angles :
Trim, list와 skew가 초기화 될 수 있는 최대 각도를 결정한다.

07 Sill beam protection limits :
강철 빔 보호 범위 한계로 해석되는 육지 쪽과 물가 쪽의 범위를 정한다. 범위는 도르래 위치 측정기로 결정된다. 높이는 가장 낮을 만한 기중기 위치이고 도르래 드라이브가 있는 곳에 효과적으로 박스를 만들고 스프레드가 한계점 보다 낮게 입력되면 윈치 내림을 멈춘다.

(5) 기능장애

'malfunction(기능장애)' 페이지에서는 손수 크레인의 기능장애 요인을 설정할 수가 있다. 기능장애는 '적용' 혹은 'OK' 버튼을 누름으로써 실행을 하거나 혹은 해제하게 된다. 이렇게 하는 방법은 앞으로 나올 모든 대화창에서 적용이 된다. 모든 기능장애 요소들은 주어진 기능장애들을 간략히 설명하는 팁 정보가 있다. 어떤 기능장애 요인들은 조작 시스템에서 경고음을 발생시키지만, 어떤 것들은 경고음을 동반하지 않는 것도 있으나 크레인의 움직임에 이상한 현상을 일으킬 수도 있다.

8.3 리프팅 장비

갠트리 크레인은 Bromma STS45 틈을 조정할 수 있는 twin lift 스프레드(2개를 들 수 있는 스프레드)가 장착되어 있다.

(1) 일반적 매개 변수들

'General' 페이지에서는 다음과 같은 것들을 설정할 수 있다.

01 무게 리프트 장비의 무게를 결정한다. :

리프트 장비의 무게를 조정하는 것은 어느 특정 상황에서 움직임에 영향을 줄 수가 있다.

02 Area pr wind attack point X / Y :

바람에 영향을 받는 X 방위 혹은 Y 방위 안에 있는 지역을 나타낸다. 그 지역 범위가 클수록, 더 많은 바람이 스프레드에 영향을 줄 것이다(보다 많은 정보를 위해 참고문헌 참조).

03 Force the 트위스트락 to be open(트위스트락 강제 열기) :

버튼은 트위스트락을 열게 한다. 하지만 드물게 사용자가 트위스트락을 열수 없는 경우가 생길 수도 있다. 예를 들어 육지안착 신호가 안 켜질 경우이다. 이런 경우 사용자는 가상 세션에서 강제로 열게 함으로서 문제를 해결할 수 있다.

(2) 기능장애

다음 세션은 스프레드에게 발생할 수 있는 기능장애에 대해 설명한다. 어떤 기능장애 요인들은 경고음을 일으키지만 어떤 것들은 크레인의 움직임에 이상한 현상을 일으키는 경우도 있다.

트위스트락과 guide flipper(방향 안내 도구)의 기능장애는 개별적으로 발생할 수도 있고 다음단계로의 이동을 방해한다. 예를 들면, 기능장애가 생겼을 때 트위스트락이 잠기게 되면 트위스트락은 열리지 않는다. 또 기능장애가 생겼을 때 트위스트락이 열리면, 트위스트락을 닫는 것은 불가능하다. 육지안착 신호의 고장은 스프레드로 하여금 올바른 육지안착신호를 보내지 못하게 한다. 트위스트락의 불빛 신호의 고장은 올바른 트위스트락의 불빛신호를 보내지 못하게 한다. 망원경의 고장은 모든 망원경의 올바른 움직임 작동을 못하게 한다.

Twinliftunits(2개의 리프팅 기계)의 고장은 twinliftunits의 모든 움직임을 작동 못하게 하고 표준방식과 twin 방식간의 변경을 가능치 못하게 한다. 기능장애는 '적용' 혹은 'OK' 버튼을 누름으로써 실행을 하거나 혹은 해제하게 된다. 이렇게 하는 방법은 앞으로 나올 모든 대화창에서 적용이 된다.

(3) 템플레이트 저장하기

크레인에서는 보통 2개의 템플레이트가 사용된다. 하나는 크레인용이고 또 다른 하나는 리프팅 도구를 위한 것이다. 각각의 크레인 템플레이트는 리프팅 도구 템플레이트로 통하는 연결링크가 되어있다. 크레인과 리프팅 도구의 템플레이트는 서로 다른 파일에 저장이 된다. 만약 크레인과 리프팅 도구의 변경을 저장하고 싶으면, 먼저 "lifting gear(리프팅 장치)" 페이지의 "Save as(다른 이름으로 저장하기)" 버튼을 누른 후 "Gantry crane(갠트리 크레인)" 페이지의 "Save as(다른 이름으로 저장하기)" 버튼을 누른다. 가장 최근에 저장된 크레인 템플레이트는 최근에 저장되었던 리프팅 도구와 올바르게 연결될 것이다.

(4) 이벤트(사건)

크레인에서 일어날 가능성이 있는 이벤트, 모든 이벤트는 기능장애요인의 대응책과 그 대응책의 설명을 포함하고 있다. 다른 말로 하면, 'Malfunction' 표 안에 있는 구성 대화 창에서도 발견 가능한 기능장애를 이벤트가 발생시킬 수도 있다.

(5) 갠트리 크레인

갠트리 크레인의 주요 고장은 다음과 같다.

01 전원장치 고장
02 주 온도 변압기의 과열
03 소화기 시스템 고장
04 비상시 정지 버튼 고장
05 도르래 전동기 팬 고장
06 Trim/list/skew 고장
07 기중기 드라이브 고장
08 기중기 공급 고장
09 기중기 정보 고장
10 기중기의 팔 부분 기중기 정보 고장
11 기중기의 팔 부분의 stowed(싣기) 고장

⑫ 도르래 기중기 정보 고장

⑬ 도르래 stowed(싣기) 고장

⑭ 도르래 공급 및 드라이브 고장

⑮ 크레인 stowed(싣기) 고장

⑯ 이동 공급 및 드라이브 고장

(6) Bromma 스프레드

장치	장애
펌프	수력펌프 기능 장애
	스프레드 육지 안착 신호 기증 장애
	망원경 움직임 기능장애
트위스트락	먼 왼쪽 기능장애
	먼 오른쪽 기능장애
	가까운 왼쪽 기능장애
	가까운 오른쪽 기능장애
Guide Flippers	먼 왼쪽 기능장애
	먼 오른쪽 기능장애
	가까운 왼쪽 기능장애
	가까운 오른쪽 기능장애

(7) 경고음

발생된 경고음은 시뮬레이터 캐빈에서 실행되는 조작 응용 프로그램 경고음 페이지에 보내지게 된다.

01 갠트리 크레인

경고음	소리유무
풍속이 높은 경우	예
전원장치 고장	예
주 변압기의 과열	예
소화기 시스템 고장	예
비상 정지버튼 고장	예
비상 정지	예
Aux 기중기 드라이브 켜짐	예
Aux 도르래 드라이브 켜짐	예
Aux 기중기의 팔 부분 드라이브 켜짐	예
Pos Meter 고장 기중기의 팔 부분	예
Pos Meter 고장 도르래	예
Pos Meter 고장 기중기	예
드라이브 결점 기중기의 팔 부분	예
드라이브 결점 도르래	예
드라이브 결점 이동	예
공급 결점 기중기의 팔 부분	예
공급 결점 도르래	예
공급 결점 기중기	예
공급 결점 이동	예
Trim List Skew 수력시스템 결점	예
도르래가 사전한계에 도달했을 때	예
도르래가 멈춤 한계에 도달했을 때	예
도르래가 끝 한계에 도달했을 때	예
윈치가 사전 한계에 도달했을 때	예
윈치가 멈춤 한계에 도달했을 때	예
윈치가 끝 한계에 도달했을 때	예
기중기 모터 팬의 결점발생	예
과적 시	예
Nominal 과재적 시	예
Sill-beam 보호대 방해	예
이동 시 충돌이 예상될 때	예
일반 우회로 작동 시	예

(8) Bromma 스프레더

경고음	소리유무
수력펌프 결점 시	예

chapter 09

하드웨어 작동 시스템

9.1 시스템 설명

운전자는 갠트리 크레인을 입력장치를 통해서 조작한다. 예를 들면 좌·우 조이스틱 및 팔걸이 램프, 스위치와 버튼들이 있다.

(1) 의자 팔걸이 제어

의자 팔걸이 제어장치는 다음과 같은 것이 장착되어 있다.

01 조이스틱
02 크레인을 조작할 수 있는 버튼, 램프와 스위치

이 부분에서는 팔걸이부분의 레이아웃과 버튼, 스위치와 램프가 설명되어 있는 목록, 또한 여러 종류의 조이스틱과 버튼이 설명되어 있는 목록이 포함되어 있다. 숫자는 row(열)을 나타내고 문자는 column(종대)를 나타낸다.

(2) 레이아웃

01 좌측 팔걸이 기능

장치	하드웨어	갠트리 크레인
N	조이스틱 버튼	도르래를 앞으로 움직인다.
S	조이스틱 버튼	도르래를 뒤로 움직인다.
B1	조이스틱 버튼	float 좌측 조이스틱
B2	조이스틱 버튼	좌측 자동제어 조이스틱
B3	조이스틱 버튼	선택된 플리퍼를 하향한다.
LB1	Push 버튼과 램프	현재 trim/list/skew의 위치로 간다. 현재 위치로 가는 동안은 램프가 깜빡 거리고, 현 위치에 머무르면 빛나는 상태로 있게 된다.
LC2	Push 버튼과 램프	trim/list/skew가 0인 위치로 간다. 0인 위치로 가는 동안은 램프가 깜빡 거리고, 0인 위치에 머무르면 빛나는 상태로 있게 된다.

(계속)

장치	하드웨어	갠트리 크레인
LA2	Push 버튼과 램프	일반적 우회로. 우회로가 작동되면 램프는 빛남
LB2	스위치, 2개의 위치	바퀴 브레이크의 자동과 수동 모드를 선택한다.
LC2	Push 버튼	양륙된 우회로
LA3	Push 버튼과 램프	도르래 주차 위치로 간다. 주차된 위치로 가는 동안은 램프가 반짝거리고 주차된 위치에 머무르면 빛나게 된다.
LB3	Push 버튼과 램프	바퀴 브레이크에 연결. 바퀴 브레이크에 연결하는 동안은 램프가 반짝거리고 연결이 되면 반짝거린다.
LC3	Push 버튼과 램프	바퀴 브레이크와 연결 해지. 연결을 해지하는 동안 램프가 반짝거리고 연결 해지가 되면 빛나게 된다.
LA4	스위치와 3개의 위치	트윈래프트 사이에서의 틈을 상향 하향 시킨다.
LB4	Push 버튼과 램프	트윈 20피트 자동 모드. 자동모든가 작동되면 램프가 빛나게 된다.
LB5	스위치와 2개의 위치	먼 왼쪽 플리퍼의 선택과 선택 해지
LC5	스위치와 2개의 위치	far-right 플리퍼의 선택과 선택 해지
LD5	Push 버튼	높은 풍속의 우회로
LB6	스위치와 2개의 위치	near-left 플리퍼의 선택과 선택 해지
LC6	스위치와 2개의 위치	near-right 플리퍼의 선택과 선택 해지

02 오른쪽 팔걸이 기능

장치	하드웨어	갠트리 크레인
N	조이스틱	윈치를 아래로
S	조이스틱	윈치를 끌어올림
E	조이스틱	오른쪽 방향으로 움직임
W	조이스틱	오른쪽 방향으로 움직임
B1	조이스틱 버튼	오른쪽으로 띄움
B2	조이스틱 버튼	자동정지 오른쪽 조이스틱
B3	조이스틱 버튼	선택된 flippers를 위로 올림
RA1	램프와Push 버튼	컨트롤 시스템을 킨다. 시스템이 켜져 있는 동안은 램프가 켜져 있다.
RB1	스틱, 3개 단계	트위스트락을 열고 닫는다.
RC1	램프와 push 버튼	결함 초기화
RA2	Push 버튼	컨트롤 시스템 꺼짐
RC2	램프와 Push 버튼	slowdown 높이를 부두 위에 나타낸다. Slowdown 높이가 설정이 되고 실행이 되면 램프는 켜져 있다.
RA3	램프와 Push 버튼	20피트 망원경 위치를 설정
RB3	램프와 Push 버튼	40피트 망원경 위치를 설정
RC3	램프와 Push 버튼	45피트 망원경 위치를 설정
RA4	Push 버튼	현재의 트윈 육지 20피트 위의 상태로 간다.
RB4	스위치, 3개 단계	Go to home(pos 1) or preset(pos 2) twin 20' waterside position. Position 3 sets current twin 20' position as the new preset position. home(1단계)로 가거나 혹은 현재(2단계) 트윈 20피트 물가 쪽 위치로 간다. 3단계 설정 현재 트윈 20피트 위치 새로운 현재의 위치로 3에서 2로 되돌아감
RC4	램프와 Push 버튼	2개의 리프트 방식을 움직임 켜짐과 꺼짐
RC6	Push 버튼	CAS 이중순환 방식 켜짐과 꺼짐

03 조작 컨트롤 계기판 (CAO2)

램프	설명
A1	스프레더 펌프 켜짐
B1	스프레더 펌프 꺼짐
E1	드라이브 결점(버져)
C2	Chassis Alignment(차대 정렬) 켜짐 / 꺼짐
D2	Chassis Alignment 다시 시작
E2	Chassis Alignment 측정
A3	대들보 / 기중기의 팔 부분 투광조명 꺼짐 - 켜짐
B3	도르래 투광조명 꺼짐 - 켜짐
C3	정문 투광조명 꺼짐 - 켜짐
E3	램프 시험
E4	풍속이 너무 높음
A5	갠트리 고정부분 풀어지지 않음
B5	갠트리 Storm Pin Not Released
C5	주 기중기 늘어진 끈
D5	주 기중기 과적
A6	기중기의 팔 부분 위로
B6	기중기의 팔 부분 위쪽에 위치함
C6	기중기의 팔 부분 정지
D6	기중기의 팔 부분 아래
E6	기중기의 팔 부분 하강기가 마무리됨

04 사용자 조작 계기판 (CAO3)

램프	설명
1	스프레더가 양륙되는 동안 하얀 램프는 켜진다.
2	트위스트락이 잠겨있지 않을 때 빨간 램프는 켜진다.
3	트위스트락이 잠겨 있을 때 초록색 램프는 켜진다.
4	중앙 기계가 꺼지게 되면 노란색 램프가 켜진다.

05 사용자 조작 계기판(CAO4)

이 기계판은 사용자에게 다음과 같이 위에서 아래까지 있는 매개 변수의 반응신호를 보여주는 5개의 디지털 방식의 측정기가 있다.

램프	설명
1	기중기 적재(톤)
2	풍속(m/s)
3	Trim 각도(deg)
4	List 각도(deg)
5	Skew 각도(deg)

06 사용자 조작 계기판(CAO5)

이 계기판의 4개의 램프들은 다음과 같이 위에서부터 아래까지 있는 CAS의 정보를 제공한다.

램프	설명
1	CAS 작동(녹색)
2	차대 발견(노랑색)
3	이상적 위치(빨강색)
4	과대 이동(노란색)

9.2 장비 작동 및 운영

이 장에서는 ZPMC 크레인의 플러그인 방식의 OCA PNC에 대한 구체적인 부분을 자세하게 설명한다. 일반적인 OCA의 정보는 별책 OCA 문서를 참조한다.

(1) 상태 화면

상태를 나타내는 화면은 여러 가지 크레인의 매개 변수에 대한 정보를 나타낸다.

기능	설명
기중기 속도	기중기 속도를 나타낸다.
기중기 위치	기중기의 위치를 나타낸다.
기중기 결함 램프	기중기 시스템상에 결함이 있으면 불이 켜진다.
기중기 위로 연동장치 램프	연동장치가 기중기의 방해 원인이 되면 불이 켜진다.
기중기 아래로 연동장치 램프	연동장치가 하향 이동의 방해 원인이 되면 불이 켜진다.
기중기가 램프와 연결이 안됨	사용자 응용프로그램 시 위치 측정이 실패하면 불이 켜진다.
도르래 속도	도르래 속도를 나타낸다.
도르래 위치	주차된 위치와 대응하는 도르래 위치를 나타낸다.
도르래 움직임 결점 램프	결점이 도르래 움직임의 방해 요인이 되면 불이 켜진다.
도르래 앞으로 움직임 연동장치 램프	연동장치가 도르래가 전진 움직임의 방해 요인이 될 경우 불이 켜진다.
도르래 뒤로 움직임 연동장치 램프	연동장치가 도르래의 후진 움직임의 방해 요인이 될 경우 불이 켜진다.
도르래 램프와 연결이 안됨	사용자 응용 프로그램 시 위치 측정이 실패하면 불이 켜진다.

(계속)

기능	설명
기중기의 팔 부분 속도	기중기의 팔 부분 속도를 나타낸다.
기중기의 팔 부분의 위치	기중기의 팔 부분 위치를 나타낸다.
기중기의 팔 부분 결함 램프.	결함이 기중기의 팔 부분의 작동에 방해요인이 되면 불이 켜진다.
기중기의 팔 부분 앞으로 움직임의 연동장치 램프	연동장치가 기중기의 팔 부분이 앞으로 이동하는데 방해요인이 되면 불이 켜진다.
기중기의 팔 부분 뒤로 움직임의 연동장치 램프	연동장치가 기중기의 팔 부분이 앞으로 이동하는데 방해요인이 되면 불이 켜진다
기중기의 팔 부분 램프와 연결 불능	사용자 응용 프로그램 시 위치 측정이 실패하면 불이 켜진다.
도르래 속도.	도르래 속도를 나타낸다.
도르래 위치	주차된 위치와 대응하는 도르래 위치를 나타낸다.
도르래 움직임 결점 램프	결점이 도르래 움직임의 방해 요인이 되면 불이 켜진다.
도르래 전진 움직임 연동장치 램프	연동장치가 도르래가 전진 움직임의 방해 요인이 될 경우 불이 켜진다.
도르래 후진 움직임 연동장치 램프	연동장치가 도르래의 후진 움직임의 방해 요인이 될 경우 불이 켜진다.
갠트리 속도 / 이동 속도	이동 속도를 나타낸다.
갠트리 전진 움직임 연동장치 램프	연동장치가 크레인의 전진 움직임의 방해 요인이 될 경우 불이 켜진다.
갠트리 후진 움직임 연동장치 램프	연동장치가 크레인의 후진 움직임의 방해 요인이 될 경우 불이 켜진다.
갠트리 바퀴 브레이크 작동	바퀴 브레이크가 작동하면 불이 켜진다.
Trim 각도	Trim의 각도를 나타낸다.
List 각도	List의 각도를 나타낸다.
Skew 각도	Skew의 각도를 나타낸다.
망원경 확대 주문	스프레드의 망원경이 확대되는 경우 불이 켜진다.
망원경 축소 주문	스프레드의 망원경이 축소되는 경우 불이 켜진다.
20피트 위치의 망원경	스프레드의 위치가 20피트 에 있으면 불이 켜진다.
40피트 위치의 망원경	스프레드의 위치가 40피트 에 있으면 불이 켜진다.

(계속)

기능	설명
45피트 위치의 망원경	스프레드의 위치가 45피트에 있으면 불이 켜진다.
물가 쪽 좌측 flipperd의 하향 이동 주문	물가 쪽 좌측 flipper가 하향하게 되면 불이 켜진다.
물가 쪽 우측 flipperd의 하향 이동 주문	물가 쪽 우측 flipper가 하향하게 되면 불이 켜진다. 육지 쪽 좌측 flipperd의 하향 이동 주문. 육지 쪽 좌측 flipper가 하향하게 되면 불이 켜진다.
육지 쪽 우측 flipperd의 하향 이동 주문	육지 쪽 우측 flipper가 하향하게 되면 불이 켜진다.
스프레더 육지 안착 램프	스프레드가 육지에 안착하면 불이 켜진다.
트위스트락 잠금 주문	작업자가 트위스트락의 버튼을 누르게 되면 불이 켜지고 잠김 상태면 불이 꺼진다.
트위스트락 잠금 램프	트위스트락이 잠기면 불이 켜진다.
트위스트락 잠금 해제 주문	작업자가 트위스트락의 잠금 해제 버튼을 누르게 되면 불이 켜지고 잠금이 풀리면 불이 꺼진다.
트위스트락 잠금 해제 램프	트위스트락이 잠금 해제 되면 불이 켜진다.

01 단일 방식이 작동될 경우

기능	설명
기중기 속도	기중기 속도를 나타낸다.
기중기 위치	기중기의 위치를 나타낸다.
기중기 결함 램프	기중기 시스템상에 결함이 있으면 불이 켜진다.
기중기 위로 연동장치 램프	연동장치가 기중기의 방해 원인이 되면 불이 켜진다.
기중기 아래로 연동장치 램프	연동장치가 하향 이동의 방해 원인이 되면 불이 켜진다.
기중기가 램프와 연결이 안됨	사용자 응용프로그램 시 위치 측정이 실패하면 불이 켜진다.
도르래 속도	도르래 속도를 나타낸다.
도르래 위치	주차된 위치와 대응하는 도르래 위치를 나타낸다.
도르래 움직임 결점 램프	결점이 도르래 움직임의 방해 요인이 되면 불이 켜진다.
도르래 앞으로 움직임 연동장치 램프	연동장치가 도르래가 전진 움직임의 방해 요인이 될 경우 불이 켜진다.
도르래 뒤로 움직임 연동장치 램프	연동장치가 도르래의 후진 움직임의 방해 요인이 될 경우 불이 켜진다.
도르래 램프와 연결이 안됨	사용자 응용 프로그램 시 위치 측정이 실패하면 불이 켜진다.

(계속)

기능	설명
비상 드라이브가 선택	이 램프는 어느 신호와도 연결되지 않는다. 작업실 보기 응용 프로그램과 비슷한 모습을 보이기 위해 더해졌다.
bypass 교체 결함	이 램프는 어느 신호와도 연결되지 않는다. 작업실 보기 응용 프로그램과 비슷한 모습을 보이기 위해 더해졌다.
비상시 멈춤	비상시 멈춤이 작동됐을 때 불이 켜진다.
IO 결함	이 램프는 어느 신호와도 연결되지 않는다. 작업실 보기 응용 프로그램과 비슷한 모습을 보이기 위해 더해졌다.
감시 결함	이 램프는 어느 신호와도 연결되지 않는다. 작업실 보기 응용 프로그램과 비슷한 모습을 보이기 위해 더해졌다.
변압기 결함	이 램프는 어느 신호와도 연결되지 않는다. 작업실 보기 응용 프로그램과 비슷한 모습을 보이기 위해 더해졌다.
낮은 전압 시스템 11 결함	이 램프는 어느 신호와도 연결되지 않는다. 작업실 보기 응용 프로그램과 비슷한 모습을 보이기 위해 더해졌다.
낮은 전압 시스템 12 결함	이 램프는 어느 신호와도 연결되지 않는다. 작업실 보기 응용 프로그램과 비슷한 모습을 보이기 위해 더해졌다.
낮은 전압 시스템 21-33 결함	이 램프는 어느 신호와도 연결되지 않는다. 작업실 보기 응용 프로그램과 비슷한 모습을 보이기 위해 더해졌다.
컨트롤 전압 시스템 11-51 결함	이 램프는 어느 신호와도 연결되지 않는다. 작업실 보기 응용 프로그램과 비슷한 모습을 보이기 위해 더해졌다.
두꺼비집 온도 결함	이 램프는 어느 신호와도 연결되지 않는다. 작업실 보기 응용 프로그램과 비슷한 모습을 보이기 위해 더해졌다.
두꺼비집의 조작	이 램프는 어느 신호와도 연결되지 않는다. 작업실 보기 응용 프로그램과 비슷한 모습을 보이기 위해 더해졌다.
화물실 조작	이 램프는 항상 켜져 있다.
기중기의 팔 부분 조작	이 램프는 어느 신호와도 연결되지 않는다. 작업실 보기 응용 프로그램과 비슷한 모습을 보이기 위해 더해졌다.
갠트리 조작	이 램프는 어느 신호와도 연결되지 않는다. 작업실 보기 응용 프로그램과 비슷한 모습을 보이기 위해 더해졌다.
기계류 조작 장소	이 램프는 어느 신호와도 연결되지 않는다. 작업실 보기 응용 프로그램과 비슷한 모습을 보이기 위해 더해졌다.
비상 드라이브의 조작	이 램프는 어느 신호와도 연결되지 않는다. 작업실 보기 응용 프로그램과 비슷한 모습을 보이기 위해 더해졌다.
컨테이너 적재	현재 총 적재량을 나타낸다.
풍속	풍속을 나타낸다.

(2) 조작 화면

조작 화면은 CAS 시스템의 컨트롤 입력 창들을 제공한다. 다음 장에서는 이것들에 대해서 자세하게 설명한다.

(3) 세부계획 화면

세부계획에 관한 일반적인 정보를 위해서는 사용자 응용 프로그램 문서와 사용자 컨트롤 응용 프로그램(OCA) 문서를 참조한다.

chapter 10

차대 정렬 시스템(CAS)

10.1 차대 정렬 시스템 정의

선박에서 일이 진행될 때 컨테이너에 ZPMC 크레인을 이용하여 운송 수단 차량을 싣거나 내린다. CAS 시스템은 접근 운송차량 차대에 맞춘 스프레드를 정렬 할 때 이용된다. CAS 시스템은 사용자 조작 계기판에 3개의 램프신호를 나타내는데 이것은 크레인 운전자가 스프레드의 위치를 파악하도록 돕기 위한 것이다. 스프레드가 완벽히 차대에 정렬이 되면 빨간색 램프가 켜진다. 만약 정렬이 완벽히 이루어지지 않고 정렬에 근접했을 때는 빨간 램프 옆에 노란색 램프가 켜진다. 노란색 램프는 차대의 어느 부분에 스프레드가 위치한지를 나타낸다. 즉 다시 말하면 스프레드가 차대로부터 물가 쪽에 위치를 하게 되면 빨간 램프 위의 노란 램프가 켜진다. 만약 차대부터 육지 쪽에 위치를 하게 되면 빨간 램프 밑의 노란 램프가 켜진다. 만약 스프레드가 차대의 위쪽에 위치하지 않으면 어느 쪽에 스프레드가 위치하는지를 보여주는 하나의 노랑 램프만이 켜진다. CAS가 크레인 밑에 트레일러가 위치한다고 파악을 하면 계기판에는 초록색 램프가 켜진다. 이 램프가 켜져 있는 동안에는 도르래는 CAS가 트레일러의 위치를 파악하기 위한 시야 가림을 피하기 위해 활동 중인 항로에서 떨어져 있어야 한다.

CAS 시스템은 스프레드 위치 측정 망원경을 사용하고, 물건을 싣고 내리는 항로는 차대의 스프레드가 정렬하는 것을 일러주게 한다. 즉 다시 말하면 40피트 크기의 컨테이너를 실은 운반차량이 크레인에 접근을 할 때 CAL 시스템은 스프레드 망원경이 40피트로 설정이 됐을 때에만 작동을 하게 된다. 싣고 내리는 항로는 조작 부분의 터치스크린으로부터 설정될 수 있다. 조작 화면은 '- '와 '+' 표시가 있는 큰 2개의 버튼이 있다. 이 버튼을 누름으로써 항로를 설정한다. '-'와 '+' 표시는 어느 곳이 싣는 곳이고 내리는 항로인지 조작 화면 위에 표시된 항로 옆에 나타난다. 또한 조작화면 상단부분에 현재사용중인 설정방식을 보여준다. 표시되는 방식으로는 "dual cycle(이중 순환)", "load vessel(선박에 적재)", "unload vessel(선박으로부터 화물을 내림)"들이 있다. Dual cycle이란 화물이 운반 차량에서 화물이 적재되고 내리는 2가지 경우를 모두 뜻하는데, 그 외의 방식은 다른 운송차량이 떠나고 새 운송차량이 도착하기 전에 화물을 실리거나 혹은 내리는 것만을 말한다. 오른쪽 팔걸이 에 있는 이중 순환 방식 버튼을 누르면 "CAS dual cycle mode(CAS 이중 순환 방식)"로 전환한다.

CAS 시스템 이용 시 트레일러에 지정된 항로에 접근하게 하는 것이 현명한 방법이다. 이것은 크레인 이용자로 하여금 새로운 일을 할 때마다 pickup(적재)와 putdown(내림) 방식을 변경하는 것을 방지한다. 사용자는 'environment(환경)' 창에서 이것을 설정할 수 있다.

컨테이너를 선박에 운반하는 트레일러는 지정된 pickup 항로를 이용하는 반면 빈 트레일러는 putdown 항로를 이용한다. 만약 이중순환 방식의 체크박스에 표시가 되면, 컨테이너를 실은 트레일러는 지정된 pickup 항로 와 putdown 항로 사이를 교차할 것이다. 이것들의 변경된 모든 설정들은 한 실습이 저장이 되면 따라서 저장이 된다.

10.2 모의 실습에서 CAS 조작하기

조작 컨트롤 계기판에 있는 버튼을 사용함으로써 CAS의 켜지고 꺼짐을 작동한다. 크레인이 작동되면 CAS는 초기설정상태로 켜진다. CAS가 꺼지면 도르래는 하드웨어 램프에 의해 더 이상 좌우되지 않는다.

사용자는 CAS 시스템이 트레일러를 찾을 때 어느 항로에서 찾아야 하는가를 알기 위해서 터치스크린을 이용하여 pickup 항로와 putdown 항로 중 하나를 선택해야 한다. 또한 스프레드 망원경 설정은 어떤 트레일러들이 찾아졌는지에 영향을 준다. 만약 망원경이 20피트에 설정되어 있고 CAS는 pickup 방식에 설정되어 있으면, CAS는 최소한 20피트 컨테이너 하나를 찾으려 할 것이다. 모든 다른 트레일러들은 크레인에 도착하기 전까지 멈출 것이다. 만약 망원경이 40피트에 또 CAS는 putdown 방식으로 설정이 되어 있으면, CAS 시스템은 오직 빈 트레일러만을 찾는다. 이런 경우 비어있지 않은 모든 트레일러들은 크레인에 도착하기 전에 멈춘다.

CAS 재시작 버튼의 램프는 CAS가 현재의 CAS 설정에 알맞은 트레일러를 찾는 동안 켜져 있을 것이다. 적합한 트레일러를 찾는 순간 램프는 꺼진다. 시스템의 어느 것도 측정이 필요 없는 것처럼 CAS의 측정 버튼은 아무 성능이 없다. 측량 도구는 항상 100% 정확하다.

(1) 단일 조작

20피트 컨테이너를 트레일러에 실을 때 뒤쪽의 화물이 먼저 적재 하도록 CAS는 항상 트레일러의 위치를 파악한다. 20피트 컨테이너를 트레일러에서 내릴 때 트레일러 뒤쪽의 화물은 가장 늦게 내려지게 된다. 이런 경우 앞부분의 컨테이너 대체 후 뒤쪽의 컨테이너가 대체되는데 이때 그 앞에 컨테이너가 있어도 바뀌게 된다.

크레인 작동을 시작할 때 CAS는 “load-vessel(적재 선박)” 방식으로 정해진다. 이 방식을 바꾸기 위해서는 몇 가지 방법이 있다. 만약 빈 스프레드를 가지고 도르래로 sill-beam을 지나게 되면 CAS는 사용자가 선박에서 화물을 들어 내릴 것이라고 추측하게 되고 그래서 CAS는 “unload vessel(선박에서 화물 내림)” 방식으로 설정되게 된다. 만약 조작 게시판의 재 시작 버튼을 누르게 되면, 방식은 바뀌게 된다. 만약 스프레드가 비었다면 “load vessel(적재 선박)” 방식으로 설정이 되고 스프레드가 컨테이너를 들면 “unload vessel(선박에서 화물 내림)” 방식으로 설정된다.

(2) 이중 순환 사용

3번째 사용 방식인 “dual cycl(이중 순환)”은 오른쪽의 팔걸이에 있는 버튼으로 움직일 수 있다. “dual cycle(이중 순환)” 방식으로 설정되게 이전에 터치스크린 상에서 Pickup과 putdown 두 항로 모두 선택되어 있어야 한다. 이게 작동하게 되면, CAS는 pickup과 putdown항로에서 기존 스프레드의 크기에 적합한 컨테이너를 실은 트레일러를 찾게 된다. 만약 어떤 이유로 스프레드와 컨테이너가 연결이 되어 있으면, 운전자는 게시판에 있는 재시작 버튼을 누름으로써 CAS로 하여금 컨테이너를 실기 위해 빈 트레일러를 찾게 한다. 이중 순환 방식으로 설정이 되어 있으면 다음과 같이 시작되게 된다. 처음으로, 화물이 실린 트레일러가 크레인 밑에 위치하게 된다. 그러면 크레인 사용자는 트레일러로부터 한 컨테이너를 내린 후 선박에 적재한 후 트레일러의 빈자리를 채우기 위해서 새로운 컨테이너를 선박에서 가져온다. 만약 pickup과 putdown 항로가 다른 항로에 설정이 되면, 또 만약 업무 세부계획 중에 “load vessel(선박에 화물 적재)”를 필요로 한 작업이 남아 있을 경우, 새 트레일러가 다른 항로에서 기다릴 것이다. 이런 경우, 운전자는 다른 트레일러로 움직인 후 이것을 똑같은 방식으로 작동을 하면 된다. 1번째 트레일러는 이제 멀리 보내지기를 기다리거나, 만약 내려야 할 컨테이너가 하나 더 있으면, 그전 컨테이너가 들어져 재배치되어야 한다. 만약 pickup과 putdown 항로가 똑 같은 항로에 설정이 되면, 크레인 작업자는 작업을 마친 후 CAS가 트레일러를 재배치시키기 위하여 도르래를 멀리 이동시켜야 한다.

(3) 세부계획의 기록

2가지의 세부계획 작업이 있는데, 하나는 선박에 적재하는 것이고, 다른 하나는 선박으로부터 화물을 내리는 것이다. 2 한 실습에서 이 2가지 작업을 혼합할 때, 작업자는 “unload vessel(선박에서 화물을 내림)”을 작업하기 전에 먼저 “load vessel(선박에 화물 적재)”를 실행해야 한다. 예외인경 우는 이중 순환 방식으로 실행될 때이다. 이 경우 “load vessel(선박에 화물 적재)”작업이 실행된 후 두 작업이 번갈아 가면서 진행된다.

chapter 11

두산 RMG 크레인 모듈 시뮬레이팅

11.1 두산 RMG 크레인 설정
11.2 하드웨어 제어 시스템

11.1 두산 RMG 크레인 설정

본 장에서는 hiCRANE2 시뮬레이터의 rubber tired 갠트리 크레인으로써, PNC를 위해 구축된 두산 RMG 크레인의 운전 및 기능을 설명한다. hiCRANE2 계열의 시뮬레이터들은 크레인이나 스태킹 설비 운전 트레이닝을 안전한 가상 세계에서 수행하는 진보된 시뮬레이터 시스템이다. 두산 RMG 크레인은 2005년 PNC를 위해 구축된 Bromma VTR 45 스프레드를 장착하고 있다.

[그림 83] RMG 크레인 모델

항만크레인 소프트웨어는 교육자로 하여금 현실세계의 RMG 크레인에서는 변화가 가능하지 않은 변수를 설정할 수 있도록 한다. 이런 점은 크레인의 행동을 현실에서 여러 종류의 크레인 모델에 적응할 수 있게 한다. 물리적인 무게, 속도, 및 가속이 변환될 수 있는 변수의 예이다. 실습 중에 이벤트의 일종으로 오동작을 설정할 수 있으며, 시뮬레이션 세션동안 수동으로도 시작할 수 있다.

(1) 전체적 요소(변수)

일반페이지에서, 사용자는 다음과 같은 변수를 설정할 수 있다.

01 Name(이름) :
이 항목은 수정될 크레인의 이름이다. 동일한 실습에서 여러 개의 크레인을 구분하려면 수식된 템플레이트에 각각 다른 이름을 부여하는 것이 좋다.

02 Load limit(적재 한계) :
크레인이 들어 올릴 수 있는 무게의 최대치이다.

03 Nominal load warning limit (최소 적재량 경고 시점) :
적재량의 백분율로 'Nominal load warning 최소 적재 경고' 알람이 울리기 시작하는 수치이다.

04 Overload alarm limit(초과 적재 알람 한계) :
적재 한계의 백분율로 'Overload alarm 초과 적재 알람'이 울리기 시작하는 수치이다.

05 Wind speed warning limit(풍속 경고 한계) :
경고가 시작되는 풍속의 한계치를 지정한다.

06 Wind speed alarm limit(풍속 알람 한계) :
알람이 시작되는 풍속의 한계치를 지정한다.

07 Area pr wind attack point X/Y :
X-나 Y- 방향에서 작용되는 바람의 힘이 미치는 공간을 말한다. 공간이 넓을수록 바람은 크레인에 더 큰 영향을 미친다(관련 정보에 대해서는 문헌을 참고한다).

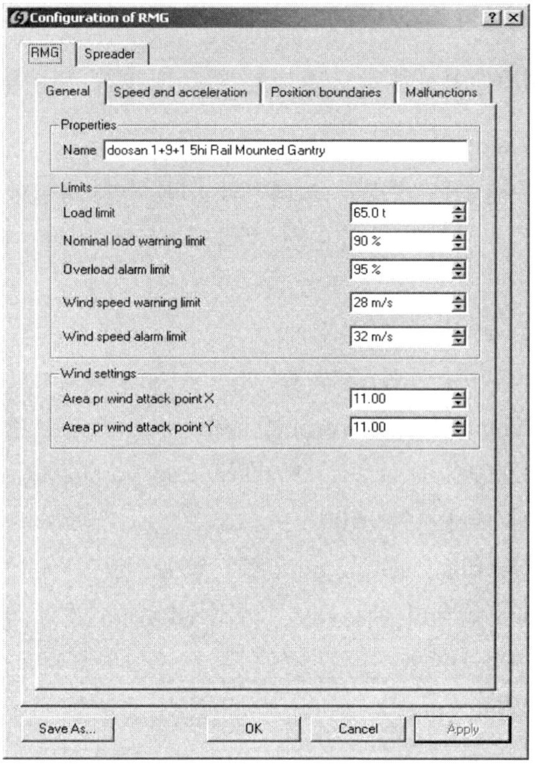

[그림 84] RMG 크레인 일반 메뉴

(2) 속도 및 가속

'Speed and acceleration - 속도와 가속' 페이지에서는 사용자가 '적재량 없음', '소량 적재', 및 '최대 적재'의 상태에서 다음과 같은 변수를 설정한다.

01 윈치 가속은 윈치의 들어 올리고 내리는 가속을 결정한다.
02 윈치 속도는 윈치의 들어 올리고 내리는 속도를 결정한다.
03 트롤리 가속은 트롤리 운동의 가속을 결정한다.
04 트롤리 속도는 트롤리의 운동 속도를 결정한다.

'% max load - 최대 적재량 백분율'을 조절하면 '적재량 없음', '소량 적재와 최대 적재'의 수준으로 조절을 할 수 있다. 예를 들어 30%는 'Light load 소량 적재'로 지정하면, 해당량 이하는 소량 적재로 간주하여 해당하는 가속과 속도의 속성이 주어진다.

05 이동 속도와 가속은 옆으로 이동하는 최대가속과 RMG의 속도를 지정한다.

06 "Pre-limit" 제동 경고 속도 감소. Pre-Limit이 초과되었을 때 속도 감소의 적용을 지정한다. 주어지는 값은 최고속의 백분율이다.

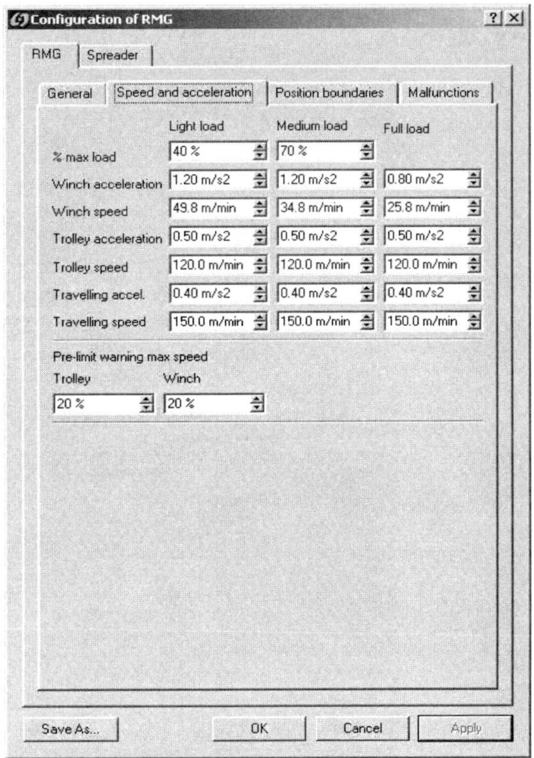

[그림 85] RMG 크레인 속도 및 가속

(3) 위치 경계선

'Position boundaries : 위치 영역' 페이지에서 사용자는 다음과 같은 변수를 설정할 수 있다 .

01 들어 올리는 위치 제한 :

스프레드가 얼마나 높이, 혹은 낮게 운전될 수 있는지 지정한다. 변수는 위를 기준으로 "0"으로 표시된다.

02 트롤리 위치 제한 :

트롤리가 갠트리 - 붐의 양 사이드에서 얼마나 멀리 이동할 수 있는지를 결정한다. 주차된 지점을 0으로 간주한다.

03 Trim 최고치 :

Trim 작업으로 스프레드가 trim될 수 있는 최대한의 각을 지정한다.

04 Skew 최고치 :

Skew 작업으로 스프레드가 skew될 수 있는 최대한의 각을 지정한다.

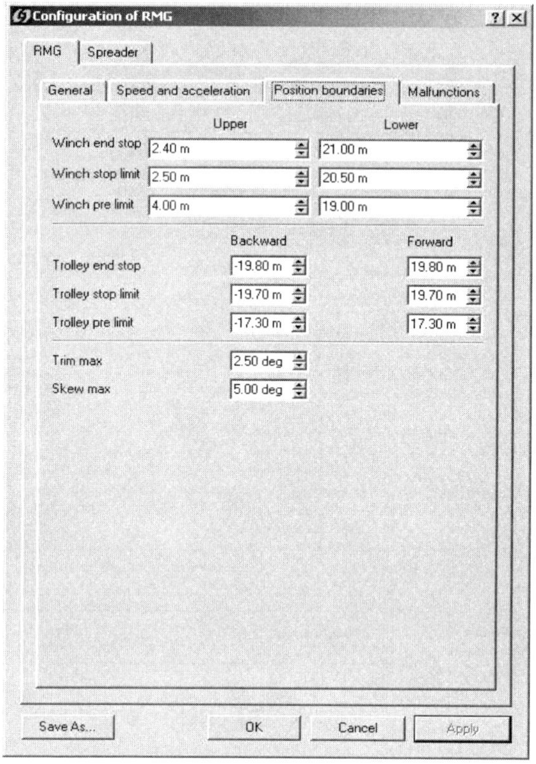

[그림 86] RMG 크레인 위치 영역

(4) 트롤리 오동작

'Malfunctions - 오동작' 페이지에서 사용자는 크레인에 수동으로 오동작을 불러일으킬 수 있다. 오동작은 몇 개의 종류로 구분할 수 있다. 트롤리, 윈치, 및 이동. 이중 한 개의 종류가 선택되었을 때, 종류메뉴 위에 오동작 메뉴가 열리게 된다. 오동작을 활성화 시키거나 비활성화 시키려면, 교육자는 오동작 항목 좌측 체크박스에 간단히 체크를 하거나 해지하면 된다.

알아두어야 할 점은, 'Apply - 적용'이나 'OK' 버튼을 누르기 전에는 효과가 나타나지 않는다. 이러한 사항은 나머지 모든 설정 대화창에서도 동일하게 적용된다. 모든 오동작은 주어진 오동작에 대한 간단한 설명이 툴팁으로 제공된다. 몇몇의 오동작은 운전자 제어 어플리케이션에서 알람을 울리게 된다. 이외의 오동작은 알람이 울리지 않지만, 크레인에 있어서 원치 않는 상황을 초래시킨다.

(5) 트롤리 오동작

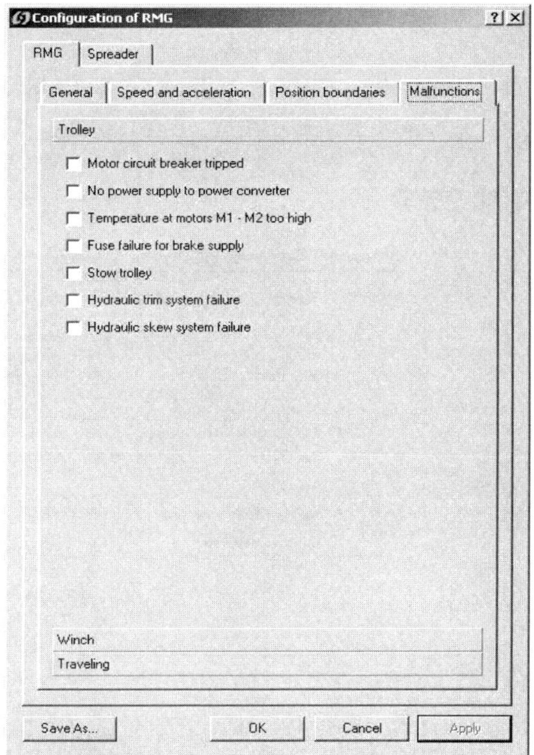

[그림 87] RMG 크레인 트롤리 오작동

01 'Motor circuit breaker tripped - 모터 회로 차단기 실패' :
트롤리 모터의 작동을 멈춘다. 알람이 울린다.

02 'No power supply to power converter - 파워 컨버터에 파워가 제공되지 않음' :
트롤리 모터의 작동을 멈춘다. 알람이 울린다.

03 'Temperature of motors M1 - M2 too high - M1-M2 모터 과열' :
트롤리 모터의 작동을 멈춘다. 알람이 울린다.

04 'Fuse failure for brake supply - 브레이크 공급의 퓨즈 부전' :
트롤리 모터의 작동을 멈춘다. 알람이 울린다.

05 'Stow trolley - 트롤리 잠금' :
교육자로 하여금 트롤리가 정차되어 있을 때 잠금 핀을 설정하도록 한다. 트롤리가 이동하는 것을 방해한다. 메시지가 전달된다.

06 'Hydraulic trim system failure' - 수력 trim 시스템 고장 :
Trim 시스템을 무력화시킨다. 알람이 울린다.

07 'Hydraulic skew system failure' - 수력 skew 시스템 고장 :
Skew 시스템을 무력화시킨다. 알람이 울린다.

(6) 윈치 오동작

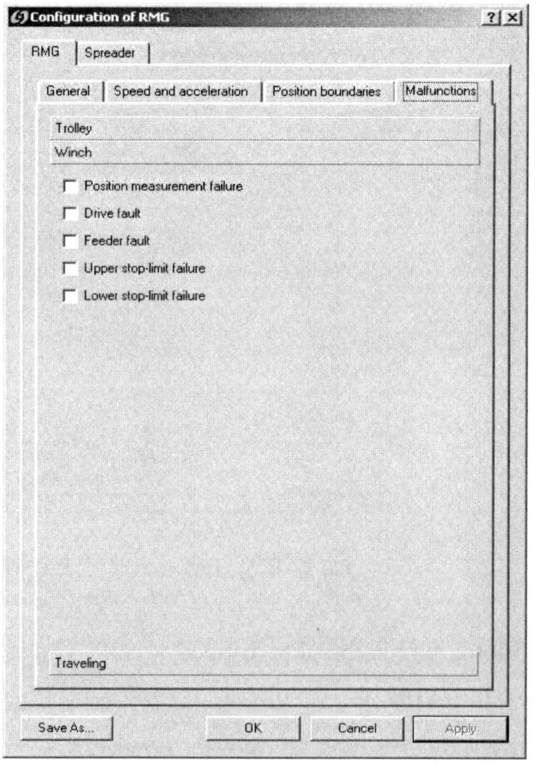

[그림 88] RMG 크레인의 오동작

01 'Position measurement failure - 위치 측량 실패' :

들어 올림과 내림의 속도는 스프레드가 상단 멈춤 한계점의 동조 위치에 다다를 때까지는 매우 제한적이다. Trim/Skew는 0 레벨이어야 한다. 교육자 스테이션의 체크박스는 동조 점에 다다르게 되면 자동으로 해제된다.

02 'Drive fault - 운전 과실' :

윈치 모터의 운전을 중단한다. 알람이 울린다.

03 'Feeder fault - feeder 과실' :

윈치 모터의 운전을 중단한다. 알람이 울린다.

04 'Upper stop limit failure - 상위 멈춤 한계선 고장' :

들어 올림이 멈춤 한계선을 지나서까지 진행된다.

05 'Lower stop limit failure 하위 멈춤 한계선 고장' :

내림이 멈춤 한계선을 지나서까지 진행된다.

(7) 이동 오동작

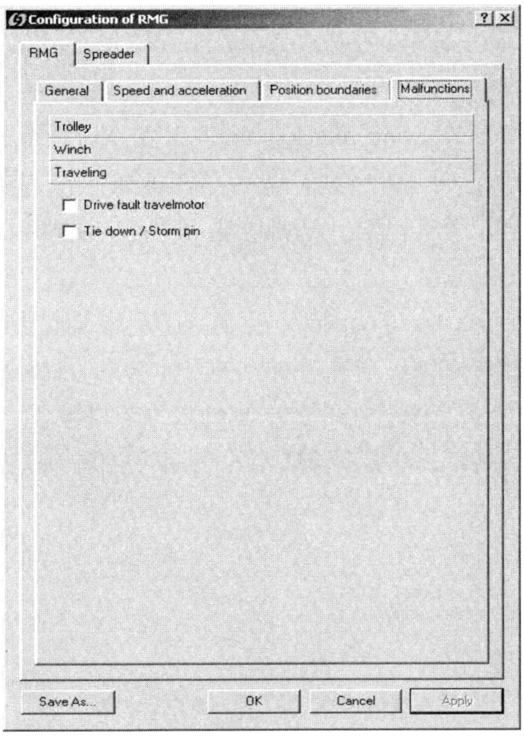

[그림 89] RMG crane traveling malfunctions

01 'Drive fault - 운전 미숙' :

이동 모터의 운전을 중지시킨다. 알람이 울린다.

02 'Tie down / Storm pin - 묶임 storm pin' :

교육자가 크레인을 레일에 묶어버린다. 이동이 불가능하다. 알림 메시지가 뜬다.

(8) 리프팅 설비

RMG 크레인은 브로마 YTR 45 망원 트윈 리프트 스프레드가 장착되어 있다. 이 스프레드가 다룰 수 있는 크기는 20피트, 40피트, 45피트 및 2X20 피트이다.

(9) 일반 설정 (변수)

'General - 일반' 페이지에서 사용자는 다음과 같은 설정을 할 수 있다.

01 'Weight - 무게' :

리프팅 설비의 무게를 결정한다. 리프팅 설비의 무게를 변화하면 그 운동성에도 어느 정도 영향을 주게 된다.

02 Area pr wind attack point - X/Y X/Y지점 단위 바람의 영향 :

바람에 의해서 영향을 받는 지점의 X- Y- 방향을 정의한다. 지점이 크면 더 많은 양의 바람이 크레인에 영향을 미친다(자세한 사항은 참고자료를 인용).

03 트위스트락의 'open - 열기' 버튼은 트위스트락을 열게 한다. 가끔 운전자가 트위스트락을 열지 못하는 상황이 있다. 예를 들어 (화물이) 육지에 내려졌다는 신호가 발신되지 못할 때이다. 교육자는 이러한 상황에서 시뮬레이션 세션이 트위스트락을 강제로 열게 하여 문제의 해결을 도울 수 있다.

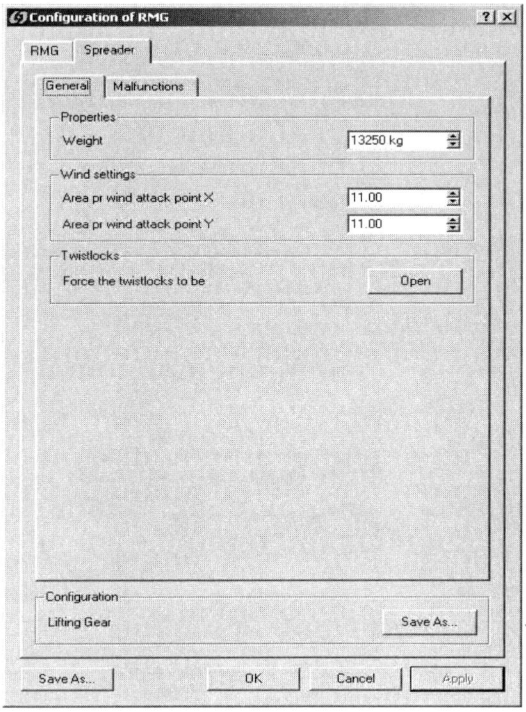

[그림 90] 리프팅 설비 일반 탭

(10) 오동작

다음 섹션은 스프레드상의 오작동에 대한 설명이다.

01 'Twistlocks and guide flipper malfunctions' - 트위스트락과 가이드 플리퍼 오작동' :

트위스트락과 가이드 플리퍼 오작동'은 각각 활성화될 수 있고 상태변화의 활성화를 방해할 수 있다. 예를 들어, 오동작을 유발했을 때 트위스트락이 잠겼다면 다시 여는 것을 실패할 것이다. 알람은 울리지 않는다.

02 'Hydraulic pump failure - 수력 펌프 고장' :

스프레드의 운행을 멈추게 한다.

03 'Landed signal failure - (화물의) 육지에 내려진 신호 발신 실패' :

(화물이) 정확하게 내려졌다는 신호가 스프레드 상에서 나타나지 않게 한다.

04 'Telescope failure - 망원 고장' :

망원 운동을 하지 못하게 한다.

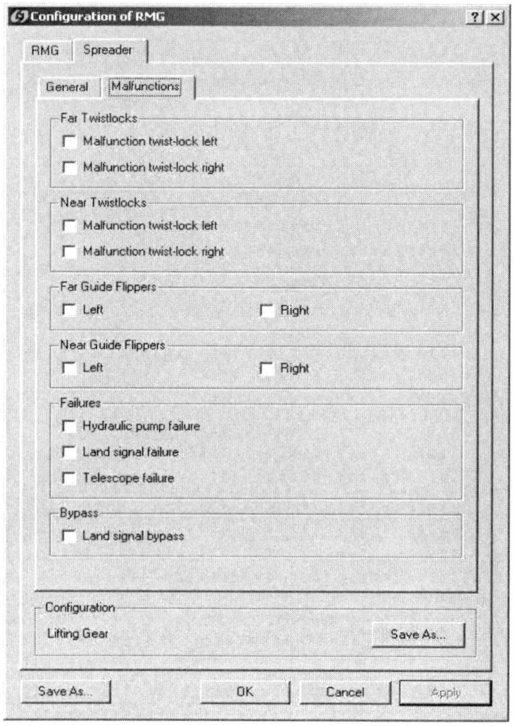

[그림 91] Lifting gear Malfunctions

⑤ 'Land signal bypass 착륙 신호 무시' :

교육자로 하여금 착륙 신호를 무시해서, 스프레드가 착륙 했는지의 여부를 떠나 트위스트락이 작동하도록 한다.

알아두어야 할 점은, 오작동은 'Apply - 적용'이나 'OK' 버튼을 누르기 전에는 효과가 나타나지 않는다. 이러한 사항은 나머지 모든 설정 대화 창에서도 동일하게 적용된다.

(11) 템플레이트 저장

크레인에 있어서는 2개의 템플레이트가 사용되는데, 1개는 크레인이고 다른 1개는 리프팅 설비이다. 각각의 크레인 템플레이트는 리프팅 설비 템플레이트와 연결되어 있다. 크레인 및 리프팅 설비 툴 템플레이트는 각개의 파일로 저장된다. 만일 사용자가 크레인과 리프팅 툴 템플레이트 파일 모두 다른 이름으로 저장하고 싶다면, "리프팅 설비" 페이지의 첫째로 "save as" 버튼을 사용하고, 다음 "RMG 크레인" 페이지의 "다른 이름으로 저장하기"를 이용한다. 새로 저장된 크레인 템플레이트는 새로 저장된 리프팅 설비의 템플레이트와 올바로 연결이 된다.

(12) 이벤트

모든 이벤트는 오동작의 설명을 포함하는 대응부분이 있다. 다시 말하면, 이벤트는 '오동작' 탭의 설정 대화 창에 있는 오동작을 시행하게 된다.

01 RMG 크레인

기능	설명
트롤리	Motor circuit breaker tripped - 모터 차단기 고장. 모터 차단기 고장상태로 설정. 터치스크린에 경고가 보이며 트롤리 모터가 작동을 중단한다.
	No power supply to power converter - 전력 컨버터에 전력 공급안 됨. 전력 컨버터에 전력이 공급안 되는 상태로 설정. 터치스크린에 경고가 보이며 트롤리 모터가 작동을 중단한다.
	Temperature at motors too high - 모터 온도 매우 높음. 모터를 매우 높게 설정. 터치스크린에 경고가 보이며 모터가 작동을 중단한다.
	Fuse failure for brake supply - 브레이크 공급의 퓨즈 고장. 브레이크 공급의 퓨즈가 고장 난 상태를 설정. 터치스크린에 경고가 보이며 트롤리 모터가 작동을 중단한다.
	Stow trolley - 트롤리 집어넣기. 주차되어있는 트롤리를 휴면/잠금 상태로 설정한다. 트롤리가 휴면상태일 때는 이동이 불가능하다.
	Hydraulic skew system failure - 수력 스큐 시스템 고장. 수력 스큐 시스템을 고장 난 상태로 설정. 터치스크린에 경고가 보이며, 스큐 모터가 작동을 중단한다.
윈치	Position measurement failure - 위치 측량 실패. 상부 정지 한계선에 동기화 포인트가 도착할 때까지 들어 올림/내림이 현저하게 느려진다. 동기화는 트림/리스트/스큐가 0 포지션일 때만 가능하다. 교육자 스테이션에서 체크박스를 해제해야 동기화가 이루어질 수 있다.
	Drive fault - 운전 디폴트. 고장 난 상태로 설정하며, "들어올리기 드라이브 고장'이라는 경고를 시작한다. 고장으로 설정이 되면, 진행 중이던 들어 올림 작업이 중단된다.
	Feeder fault - 피더 고장. 고장 난 상태로 설정하며, "들어올리기 피더 고장'이라는 경고를 시작한다. 들어 올림 제어가 시작을 하지 못한다. 고장으로 설정이 되면, 진행 중이던 들어 올림 작업이 중단된다.
	Upper stop-limit failure - 상부 멈춤 한계선 고장. 들어 올림이 지정된 한계를 넘어서는 원인이 된다.
	Lower stop-limit failure - 하부 멈춤 한계선 고장. 내림이 지정된 한계를 넘어서는 원인이 된다.

(계속)

기능	설명
이동	Drive fault travelator frontline - 전면 이동 모터 운전 실패. 전면 이동 모터의 고장. 터치스크린에 경고가 보이며, 이동 모터는 작업을 중단한다.
	Drive fault travelator remarried - 후면 이동 모터 운전 실패. 전면 이동 모터의 고장. 터치스크린에 경고가 보이며, 이동 모터는 작업을 중단한다.
	High temperature on travel motors - 이동 모터 매우 뜨거움. 이동 모터의 온도를 매우 높게 설정한다. 터치스크린에 경고가 보이며, 이동 모터가 기능을 중지한다.
	Motors contractors feedback failure - 모터 컨트랙터 반응 실패. 모터 컨트랙터가 제대로 연동하지 못한 것으로 설정된다. 터치스크린에 경고가 보이며 이동 모터가 기능을 중단한다.
	Controller release failure - 컨트롤러 릴리즈 실패. 이동 중에 이동 컨트롤러가 브레이크를 놓지 못하게 한다. 이는 브레이크가 잠긴 상태에 머물게 하여 완전 정지 이후 이동이 불가능하게 한다. 이동을 시도하면 터치스크린에 경고가 보인다.
	Brakes open failure - 브레이크 풀림 실패. 이동을 하려고 할 때, 이동 브레이크가 풀리지 못하게 설정한다. RMG는 고장이 적용되어있는 중에는 이동을 하지 못한다. 이동을 시도하면 터치스크린에 경고가 나타난다.
	Converter assembly failure - 컨버터 어셈블리 실패. 컨버터 어셈블리의 고장을 설정한다. 터치스크린에 경고가 보이며, 이동 모터가 기능을 중단한다.

02 스프레드

기능	설 명
트위스트락	Malfunction far left - 먼 좌측 오동작. 먼 좌측 트위스트락이 고장 나서 모든 트위스트락의 잠김과 해제를 거부한다.
	Malfunction far right - 먼 우측 오동작. 먼 우측 트위스트락이 고장 나서 모든 트위스트락의 잠김과 해제를 거부한다.
	Malfunction near left - 가까운 좌측 오동작. 먼 좌측 트위스트락이 고장 나서 모든 트위스트락의 잠김과 해제를 거부한다.
	Malfunction near right - 가까운 우측 오동작. 먼 좌측 트위스트락이 고장 나서 모든 트위스트락의 잠김과 해제를 거부한다.

(계속)

기능	설 명
가이드 플리퍼	Malfunction far left - 먼 좌측 오동작. 먼 좌측 가이드 플리퍼가 고장 난다.
	Malfunction far right - 먼 우측 오동작. 먼 우측 가이드 플리퍼가 고장 난다.
	Malfunction near left - 가까운 좌측 오동작. 가까운 좌측 가이드 플리퍼가 고장 난다.
	Malfunction near right - 가까운 우측 오동작. 가까운 우측 가이드 플리퍼가 고장 난다.
기타	Malfunction hydraulic pump - 수력 펌프 고장. 수동 펌프가 고장난다. 이는 사이드 플리버를 올리거나 내릴 수 없다는 뜻이다.
	Malfunction spreader-landed signal - 스프레더 내림 신호 오동작. ‘스프레더 내려짐’ 신호가 작동하지 못한다.
	Malfunction telescope movement - 망원 운동 오동작. 스프레더의 망원 기능을 고장 나게 한다. 이는 스프레더의 길이를 조절할 수 없음을 말한다.

(13) 알람

생성된 경고/알람들은 시뮬레이터 운전석의 운전자 제어 어플리케이션으로 보내진다.

01 RMG 크레인

경고	음향
비상 멈춤 활성	Yes
풍속 너무 높음	Yes
트롤리 휴면	No
트롤리 차단기 작동	Yes
트롤리 브레이크 공급 퓨즈 고장	Yes
트롤리 너무 뜨거움	Yes
트롤리의 전력 컨버터의 전력 공급 없음	Yes
위치 측량 실패	Yes
들어 올림 드라이브 고장	Yes
들어 올림 피더 고장	Yes
들어 올림 멈춤 한계 고장	Yes
내림 멈춤 한계 고장	Yes
적재하기에 너무 무거움	Yes

(계속)

경고	음향
최소량 적재 경고 레벨에 근접	No
윈치 선 - 한계 근접	No
윈치 멈춤 한계 근접	Yes
윈치 종료 한계 근접	Yes
충돌방지 센서 작동	Yes
이동 모터 1 오동작	Yes
이동 모터 2 오동작	Yes
이동 모터 온도 초과	Yes
볼트 제어 퓨즈 고장	Yes
볼 테지 밸브 퓨즈 고장	Yes

02 브로마 스프레드

경고	음향
수력 펌프 고장	No

(14) 운전자 제어 어플리케이션

다음 섹션은 운전자 제어 어플리케이션선 각각의 RMG 크레인의 세부적인 페이지의 스크린 샷으로 정보 반응을 포함하고 있다.

01 상태 창

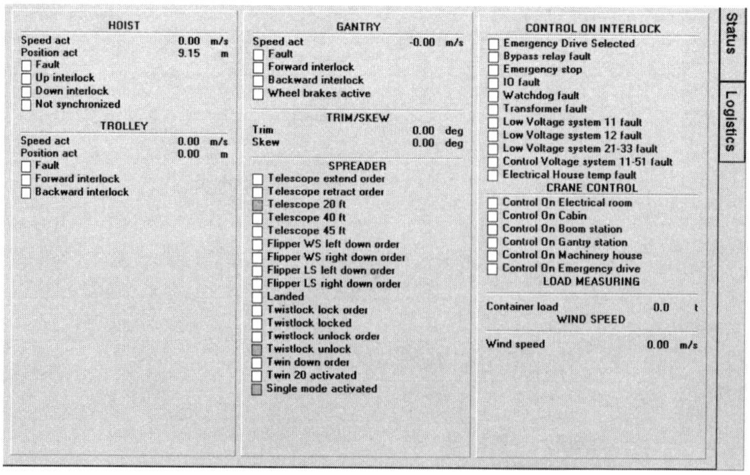

[그림 92] RMG 크레인 메인 제어 창

02 들어 올림

기 능	설 명
Hoisting speed	들어 올리는 속도 나타냄
Hoisting position	들어 올리는 위치 나타냄
Hoisting fault lamp	들어 올리는 시스템에 문제가 생기면 불이 들어옴
Hoisting up interlock lamp	인터 록이 들어 올리는 것을 방해할 때 불이 들어옴
Hoisting down interlock lamp	인터 록이 내리는 것을 방해할 때 불이 들어옴
Not synchronized lamp	교육자 어플리케이션에 위치 측량 실패가 나타나면 불이 들어옴

03 트롤리

기 능	설 명
Trolley speed	트롤리의 속도
Trolley position	주차 위치 대비, 트롤리의 위치를 나타냄
Trolley fault lamp	트롤리의 운행의 지장이 생기면 불이 들어옴
Trolley forward interlock lamp	인터 록이 트롤리의 전진을 방해하면 불이 들어옴
Trolley backward interlock lamp	인터 록이 트롤리의 후진을 방해하면 불이 들어옴

04 갠트리

기능	설명
Gantry speed /traveling speed	이동속도를 나타냄
Gantry fault lamp	갠트리의 운행이 방해되면 불이 들어옴
Gantry forward interlock lamp	인터 록이 크레인의 전진을 방해하면 불이 들어옴
Gantry backward interlock lamp	인터 록이 크레인의 후진을 방해하면 불이 들어옴
Gantry wheel brakes active	휠 브레이크가 활성화 되어있으면 불이 들어옴

05 트림/스큐(Trim/skew)

기능	설명
Trim angle	트림 각을 나타냄
Skew angle	스큐 각을 나타낸

06 스프레드

기능	설명
Telescope extend order	스프레드 망원장치가 늘어나면 불이 들어옴
Telescope retract orde	스프레드 망원장치가 줄어들면 불이 들어옴
Telescope 20 ft	스프레드가 20피트 포지션으로 늘어나면 불이 들어옴
Telescope 40 ft	스프레드가 40피트로 늘어나면 불이 들어옴
Telescope 45 ft	스프레드가 45피트로 늘어나면 불이 들어옴
Flipper WS left down order	해측 좌측 플리퍼가 하강할 때 불이 들어옴
Flipper WS right down order	해측 우측 플리퍼가 하강할 때 불이 들어옴
Flipper LS left down order	육측 좌측 플리퍼가 하강할 때 불이 들어옴
Flipper LS right down order	육측 우측 플리퍼가 하강할 때 불이 들어옴
Spreader landed lamp	스프레더가 육지에 닿으면 불이 들어옴
Twistlocks lock order	운전자가 트위스트락 잠금을 누르면 불이 들어오고, 트위스트락이 잠기면 불이 꺼짐
Twistlocks locked lamp	트위스트락이 잠기면 불이 들어옴
Twistlocks unlock order	운전자가 트위스트락 열림을 누르면 불이 들어오고, 트위스트락이 열리면 불이 꺼짐
Twistlocks unlocked lamp	트위스트락이 열리면 불이 들어옴
Twin down order	운전자가 센터 하우징 내림 버튼을 누르면 불이 켜지고, 센터 하우징이 내려지면 불이 꺼짐
Twin 20 activated	센터하우징이 내려가고 망원이 트윈 20 위치에 있으면 불이 들어옴
Single mode activated	트윈 20이 활성화되지 않으며 불이 들어옴

07 인터락의 제어(Control ON interlock)

기능	설명
Emergency drive selected	이 램프는 어느 신호와도 연결되어 있지 않다. 운전석 어플리케이션과 비슷한 모양새를 갖추기 위해서 장착됨
Bypass relay fault	이 램프는 어느 신호와도 연결되어 있지 않다. 운전석 어플리케이션과 비슷한 모양새를 갖추기 위해서 장착됨
Emergency stop	비상 멈춤이 활성화되면 불이 켜짐
IO fault	이 램프는 어느 신호와도 연결되어 있지 않다. 운전석 어플리케이션과 비슷한 모양새를 갖추기 위해서 장착됨
Watchdog fault	이 램프는 어느 신호와도 연결되어 있지 않다. 운전석 어플리케이션과 비슷한 모양새를 갖추기 위해서 장착됨
Transformer fault	이 램프는 어느 신호와도 연결되어 있지 않다. 운전석 어플리케이션과 비슷한 모양새를 갖추기 위해서 장착됨
Low voltage system 11 fault	이 램프는 어느 신호와도 연결되어 있지 않다. 운전석 어플리케이션과 비슷한 모양새를 갖추기 위해서 장착됨
Low voltage system 12 fault	이 램프는 어느 신호와도 연결되어 있지 않다. 운전석 어플리케이션과 비슷한 모양새를 갖추기 위해서 장착됨
Low voltage system 21-33 fault	이 램프는 어느 신호와도 연결되어 있지 않다. 운전석 어플리케이션과 비슷한 모양새를 갖추기 위해서 장착됨
Control voltage system 11-51 fault	이 램프는 어느 신호와도 연결되어 있지 않다. 운전석 어플리케이션과 비슷한 모양새를 갖추기 위해서 장착됨
Electrical house temp fault	이 램프는 어느 신호와도 연결되어 있지 않다. 운전석 어플리케이션과 비슷한 모양새를 갖추기 위해서 장착됨

08 크레인 제어

기능	설명
Control on electrical room	이 램프는 어느 신호와도 연결되어 있지 않다. 운전석 어플리케이션과 비슷한 모양새를 갖추기 위해서 장착됨
Control on cabin	이 램프는 항상 켜져 있음
Control on boom station	이 램프는 어느 신호와도 연결되어 있지 않다. 운전석 어플리케이션과 비슷한 모양새를 갖추기 위해서 장착됨
Control on gantry station	이 램프는 어느 신호와도 연결되어 있지 않다. 운전석 어플리케이션과 비슷한 모양새를 갖추기 위해서 장착됨
Control on machinery house	이 램프는 어느 신호와도 연결되어 있지 않다. 운전석 어플리케이션과 비슷한 모양새를 갖추기 위해서 장착됨
Control on emergency drive	이 램프는 어느 신호와도 연결되어 있지 않다. 운전석 어플리케이션과 비슷한 모양새를 갖추기 위해서 장착됨

09 적재 측량

기능	설명
Container load	현재 실 적재량을 표시함

10 풍속

기능	설명
Wind speed	현재 풍속을 표시함

11.2 하드웨어 제어 시스템

운전석 팔걸이에 장착되어 있는 기구는 :

01 조이스틱

02 버튼

03 램프

04 램프가 있는 버튼

기능은, 전원, 브레이크 및 비상정지 같은 중대한 운전 기능을 갖추고 있다. 모든 버튼 및 설명은 운전자 제어 어플리케이션에서 찾을 수 있다.

(1) 구성

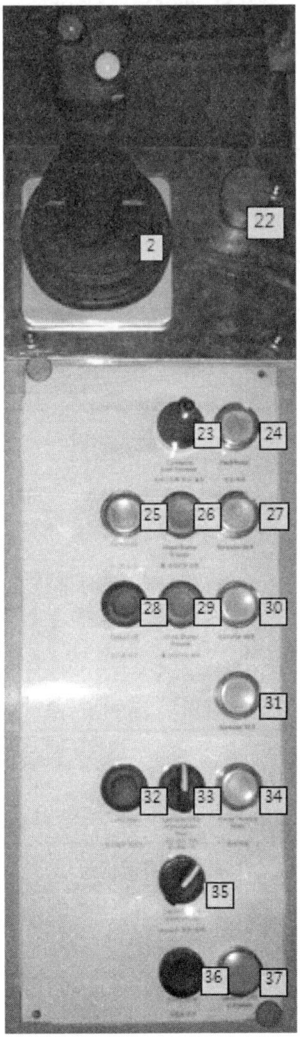

[그림 93] 우측 팔걸이

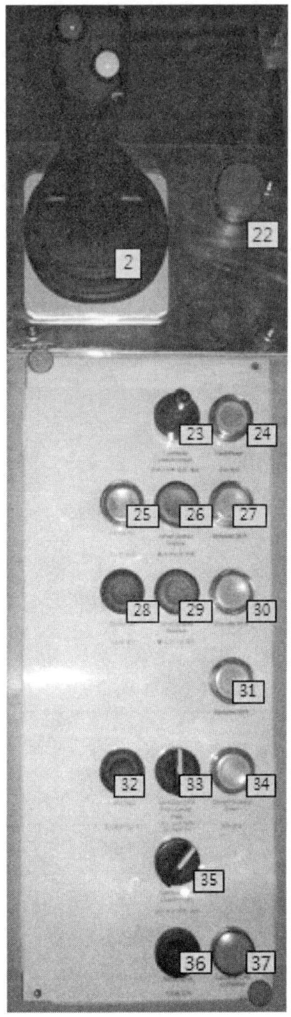

[그림 94] 좌측 팔걸이

(2) 좌측 조이스틱 기능

장치	하드웨어	RMG 크레인
1	조이스틱 북쪽	트롤리 전진
	조이스틱 남쪽	트롤리 후진
	검은 버튼	트롤리 부상. 속도를 20%로 감속
	흰 버튼	Deadman 버튼. 방향적 제어를 활성화시키기 위해 조이스틱이 중립 위치에 있을 때에만 누르도록 한다. 움직임이 시작되면 버튼을 놓음
	Green button	가이드 플리퍼 내림

01 우측 조이스틱 기능

장치	하드웨어	RMG 크레인
2	조이스틱 북쪽	스프레드 내리기
	조이스틱 남쪽	스프레드 들어올리기
	조이스틱 동쪽	오른쪽으로 운전
	조이스틱 서쪽	왼쪽으로 운전
	Black 버튼	트롤리 부상. 속도를 20%로 감속
	흰색 버튼	Deadman 버튼. 방향적 제어를 활성화시키기 위해 조이스틱이 중립 위치에 있을 때에만 누르도록 한다. 움직임이 시작되면 버튼을 놓음
	초록색 버튼	가이드 플리퍼 내림

02 좌측 팔걸이 기능

장치	하드웨어	RMG 크레인
3	스틱 북쪽/남쪽	트림 좌측/우측
4	스틱 좌측/우측	스큐 시계 반대방향/시계 방향
5	램프	높은 바람 경고 풍속이 높은 바람 한계치 이상일 때 점등됨
6	램프	해측 CPS 위치에 대기

(계속)

장치	하드웨어	RMG 크레인
7	램프가 있는 버튼	높은 바람 바이패스. 높은 바람 경고가 들어왔을 때 누르는 동안 크레인을 운전할 수 있다. 휴면/정차 위치에 갈 때만 사용하도록 함
8	램프	느슨한 로프
9	키로 작동하는 스위치	일반적인 바이패스. 트롤리나 윈치 정지 한계를 넘을 때 사용함
10	램프	갠트리 해지되지 않음. Gantry not released. 교육자가 크레인 설정 대화창에서storm pin tie down / storm pin 설정하였을 대 불이 들어옴
11	램프가 있는 누름버튼	트림/스큐 센터 트림과 스큐를 중앙 정렬하기 위해 누른다. 스프레더가 스큐나 트림되지 않으면 불이 들어옴
12	램프가 있는 누름버튼	트롤리 정차. 트롤리를 정차모드에 놓기 위해 누른다. 정차모드에서는 깜박이며 점등된다. 트롤리를 움직이는 조이스틱을 주차 위치로 놓고 트롤리를 가동한다. 주차 위치에서는 트롤리가 멈추고 라이트가 초록색으로 변한다. 트롤리 주차 모드를 해지하려면 다시 누름
13	램프	적재량 초과. 스프레드 적재량이 크레인 설정에서 명시된 한계치를 넘으면 불이 들어옴
14	램프가 있는 누름버튼	스프레드의 펌프를 켠다. 스프레드 펌프가 작동하면 불이 들어옴
15	누름버튼	스프레드 펌프 끄기
16	램프	스프레드 육지에 닿는 것을 확인하는 것을 바이패스 한다. 스프레드 오동작 설정에서 스프레드 랜드 바이패스가 설정되면 불이 들어온다. 스프레드에서 육지에 내려진 신호를 보내지 않아도 트위스트락이 열리거나 잠기게 할 수 있음
17	스위치	CPS 활성/비활성 Chassis 위치 시스템을 활성/비활성시킴
18	램프	트윈 감지 바이패스
19	스위치	육지 쪽CPS 전면/후면/중앙. 3개 선택 스위치는 Chassis 위치 시스템을 사용할 때 컨테이너 작업이 차량이나 더 큰 컨테이너에서 의 전면, 후면, 중앙 어느 위치에서 이루어져야 할지를 선택함
20	스위치	해측 CPS 적재/하역. Chassis 위치 시스템을 사용할 때 해측 작업이 적재 작업인지 하역 작업인지를 선택함
21	램프	TPS 알람. 트럭의 트위스트락이 열리지 않아 트럭이 컨테이너와 같이 들려졌을 때 불이 들어옴
22	누름버튼	버저 멈춤. 조용한 알람

03 우측 팔걸이 기능

장치	하드웨어	RMG 크레인
22	누름 및 잠금 버튼	비상 멈춤. 모든 작업을 중단함
23	스틱	트위스트락 잠금/해제
24	누름버튼	오류 리셋. 오류 시그널을 인지하고 해제한다. 인지하지 못한 오류가 있으면 램프가 점멸한다. 활성되고 있는 오류가 인지되거나 모든 오류가 해지되면 불이 들어옴
25	램프가 있는 누름버튼	제어 시스템 작동. 제어 시스템을 켜기 위해 누른다. 제어 시스템이 작동되면 불이 들어옴
26	누름버튼	휠 브레이크 적용. 휠 브레이크를 적용하기 위해서 누른다. 휠 브레이크가 적용되는 데에는 2초 정도가 소요됨
27	램프가 있는 누름버튼	스프레드를 20피트로 설정하기 위해서 누른다. 스프레드가 20피트로 설정되어 있는 동안 불이 들어온다. 스프레드가 20피트 위치로 이동을 하는 중에는 점멸됨
28	누름버튼	제어 시스템 끄기. 누르면 제어 시스템이 꺼짐
29	누름버튼	휠 브레이크 해제. 누르면 휠 브레이크가 해제됨
30	램프가 있는 누름버튼	스프레드를 40피트로 설정하기 위해서 누른다. 스프레드가 40피트로 설정되어 있는 동안 불이 들어온다. 스프레드가 40피트 위치로 이동을 하는 중에는 점멸됨
32	램프가 있는 누름버튼	스프레드를 45피트로 설정하기 위해서 누른다. 스프레드가 45피트로 설정되어 있는 동안 불이 들어온다. 스프레드가 45피트 위치로 이동을 하는 중에는 점멸됨
32	누름버튼	램프 테스트. 모든 램프를 점등하기 위해서 누름
33	스위치	육측 CPS 전면/후면/중앙. 3개 선택 스위치는 Chassis 위치 시스템을 사용할 때 컨테이너 작업이 차량이나 더 큰 컨테이너에서 의 전면, 후면, 중앙 어느 위치에서 이루어져야 할지를 선택함
34	램프가 있는 누름버튼	운전자가 센터 하우징 내림. 트윈 리프트 작업에서 센터 하우징 내림을 누른다. 스프레드가 40피트로 설정되어 있지 않으면 이 작업 역시 진행된다. 스프레드 40피트 및 센터 하우징 램프가 작업이 끝날 때까지 점멸되며, 완료되면 불이 계속 들어옴
35	스위치	해측 CPS 적재/하역. Chassis 위치 시스템을 사용할 때 해측 작업이 적재 작업인지, 하역 작업인지를 선택한다.
36	누름버튼	물 넘침 라이트 켜짐/꺼짐
37	램프	LS CPS 위치에 대기

(3) Part Task 스테이션 (PTS)

Part task 스테이션은 특화된 작업 트레이닝을 시뮬레이션 트레이닝 커리큘럼으로 적용시키기 위한 수단을 제공한다. 학습자들은 PTS에서 도입 트레이닝을 거치고 같은 작업을 full-scale 시뮬레이터에서 하게 된다.

(4) 운전자 제어 패널

PTS상의 운전자 제어 패널은 컴퓨터 스크린 상에서 실현된다. 이는 실제 하드웨어 제어 패널처럼 운행된다. 조이스틱은 MS 혼용 조이스틱이어야 한다.

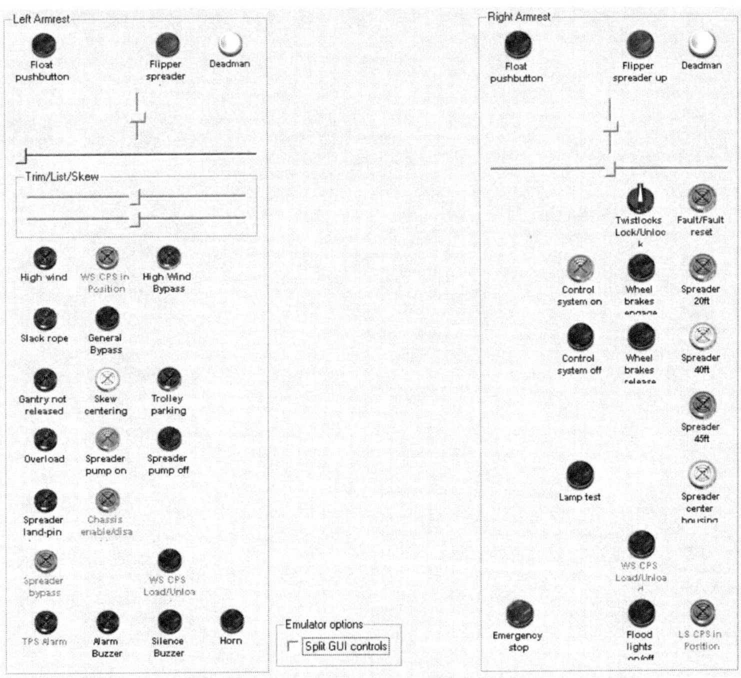

[그림 95] 운전자 제어 어플리케이션 스크린샷

chapter 12

컨테이너터미널 작업 시 안전수칙

12.1 일반 수칙

01 완전한 대비와 성실한 실천으로 안전을 생활화한다.

02 규정된 복장과 장구를 착용 휴대하고 주변을 깨끗이 청소하고 정리정돈한다.

03 작업착수 전에 책임자와 안전회의를 하고 작업지시에 따라 작업을 시작한다.

04 시설과 작업기구는 반드시 점검한 후 사용한다.

05 근무(작업)중 음주행위나 잡담 또는 수면은 절대 금한다.

06 작업은 질서있게 하고 태만하지 않으며 서로 믿고 협력한다.

07 소방시설을 항시 점검하고 사용법을 숙지한다.

08 인화물질 또는 위험물이 있는 장소에서는 화기취급을 엄금한다.

09 일일점검을 성실히 이행하고 발견된 위험요건은 즉시 시정하거나 상사에게 보고하고 그 결과를 확인한다.

10 각종 사고 발생 시 즉시 대응조치를 취하고 대소를 막론하고 상사에게 보고한다.

11 보세구역에서는 무단출입을 금하며 출입 시 자전거 이용 및 흡연을 일체 금한다.

12 위험물 경계 표지판에 있는 내용은 절대 준수하여야 한다.

13 종사원 및 출입자는 야드장에 설치된 컨테이너 사이로 보행해서는 안 된다.

14 전 종사원은 분야별 안전보건 수칙을 숙지하고 안전보건 관리를 철저히 하여야 한다.

12.2 운영요원의 안전수칙

(1) 통제실(CONTROL TOWER) 직원의 안전수칙

01 본선 작업서류 접수 시, 제반 작업 내용 및 특이사항을 확인한다.

02 서류복사 배부 시 해당근무자(포맨, 언더맨 등)에게 작업내용 및 주의 사항을 주지시킨다.

03 작업 중 발생되는 특별한 사항에 대하여 신속하고 적절한 조치를 취하여야 하며 지휘계통에 따라 보고한다.

04 악천후 작업 시 기상예보(태풍, 폭우, 폭설, 등)를 수시로 입수하여 지휘계통에 의해 보고하고 지시에 따른다.

(2) 포맨의 안전수칙

01 복장은 단정히(근무복, 안전모, 안전화, 경적 등) 착용한다.

02 작업 전 양·적하 서류 및 특기사항을 확인 점검한다.

03 선체가 안벽에 정확히 접안 되었는지를 확인한다.

04 작업착수 전 선상 안전도를 확인한다.

05 위험화물(폭발물, 유독성, 인화성)의 적재유무를 확인하여 주의를 강구한다.

06 컨테이너 크레인 붐 하강 및 주행 시 선체와의 마찰여부를 확인 점검한다.

07 선상에서 작업하는 요원(라싱, 검수원)들의 안전장구(안전모, 안전화 등)를 착용토록 주지시킨다.

08 해치커버를 열고 닫을 때에는 주위에 장애물(PIN) 유무를 사전에 확인하도록 언더맨에게 주지시킨다.

09 특수화물 작업 시, 먼저 화물형태 및 내용물을 확인하고 필요한 하역도구를 선택하여 사전 안전점검한다.

10 선체 및 선박 설비상의 문제로 작업 중 사고발생 예상 시는 작업을 중지하고 적절한 조치를 강구한 후 작업토록 한다.

11 컨테이너 크레인 안전하중을 초과하거나 화물의 적재상태가 불안정하여 안전 작업을 할 수 없는 화물은 계통에 따라 보고 후 작업지휘를 받는다.

12 본선이 HEELING되거나 BALLAST 조정이 요할 정도로 정상작업이 어려울 시는 선사직원 또는 작업지휘자에게 통보하여 복원될 때까지 작업을 중지하여야 한다.

13 악천후 시에는 상황을 수시 파악하며 작업수행 여부를 판단하고, 풍속 16m/sec 이상 시에는 지휘계통에 따라 보고한 후 작업지휘자의 지시에 따른다.

14 작업 중 사고발생 시는 사항에 따라 응급조치하고 즉시 지휘계통에 따라 보고 한다.

(3) 언더맨의 안전수칙

01 복장은 단정히(근무복, 안전모, 안전화, 경적) 착용한다.

02 컨테이너 크레인 주변의 작업인원을 통제한다.

03 컨테이너 크레인 주행 시 레일(rail)상과 주변에 장애물 유무를 확인한다.

04 양·적하 화물의 번호, SEAL 번호 및 특기사항을 정확히 확인/기록한다.

05 컨테이너 크레인 밑으로 주행하는 모든 차량의 운행 속도를 제한시킨다.

06 위험화물 양·적하 시 소화기 및 위험표지판을 설치하고 차량 및 사람의 접근을 통제한다.

07 선원 및 기타 외부사람이 작업 중인 크레인 밑을 피하여 지정된 보행로를 이용토록 안내 및 계몽한다.

08 검수원에게 단정한 복장 및 안전모를 반드시 착용토록 강조한다.

(4) 위험물 하역작업 안전수칙

01 위험물 취급 시는 반드시 위험물 담당자 입회하에 개인 안전장구를 착용하고 작업에 임한다.

02 사전에 선사로부터 위험화물 하역신청을 받아 관계기관에 하역 허가를 받는다.

03 위험화물 작업 시, 항시 소화기 및 위험물 작업경고 표시판을 설치한다.

04 작업에 임하는 사람은 위험물 담당자의 지시에 따라야 하며, 작업장 내는 불 필요한 인원 및 차량의 출입을 통제한다.

05 하역장소에는 화기 취급을 금한다.

06 위험화물 작업상 충격, 전도, 전락에 각별히 주의한다.

07 작업 중 공해 및 위험물질이 유출되지 않도록 하고 이상 발생 시는 응급 조치함과 동시 위험물 담당자에게 연락한다.

08 위험화물에는 접근을 금한다.

09 하역 종사원은 위험물 식별표시를 숙지한다.

10 소화장치 및 안전장구의 사용법을 익히고 점검한다.

11 그 밖의 사항은 항만내 위험물 취급안전수칙에 따른다.

(5) 신호수의 안전수칙

01 복장은 단정히(근무복, 안전화, 안전모, 경적 등) 착용한다.

02 화물 및 해치커버의 Unlashing을 정확히 확인하여야 한다.

03 양·적하 컨테이너의 번호를 정확히 확인하여야 한다.

04 졸음이 오거나 신체상에 이상이 있을시 즉각 작업 중단하여, 작업반장에게 보고 후 지시를 받아야 한다.

05 선체 또는 선상설비상의 이상, 본선이 기울거나 이안 시는 작업중단하고, 즉시 포맨에게 보고한다.

06 화물에 이상이 있거나 정상작업에 차질이 있다고 판단될 때는 포맨에게 보고한다.

07 하역도구를 취급할 때 던지거나 끌어서는 안된다.

08 하역도구 조작 후 필히 안전여부를 재확인한다.

09 신호는 가장 안전하고 잘 보이는 장소에서 한 사람이 신호하여야 한다.

10 위험지역에서 작업 시는 대피지역 선정을 먼저 하여야 한다.

11 안벽크레인 붐(boom) 하강 시, 선체와의 마찰여부와 주행 시 주변 장애물을 확인하여 사전 제거한다.

12 검수원의 검수후에 안전 대피상태를 확인한 다음 차량 출발신호를 한다.

12.3 안전사고 위험 및 대책 방안

(1) 선박 승강설비 유해 및 위험 요인

01 안벽에서 선박으로의 근로자 통행시 추락 및 전도재해 발생위험

02 안벽과 선박사이 바다로 근로자 추락위험

(2) 선박 승강설비 재해예방 대책

01 근로자들이 안전하게 통행할 수 있는 현문 사다리 설치 및 사다리 밑에 안전망 설치(300톤 이상의 선박에서 하역 작업 시 적용)

[그림 96] 선박 승강설비

02 현문 사다리의 구조는 견고한 재료로 너비 55cm 이상, 사다리 양측에 82cm 이상의 높이로 방책 설치 및 사다리 바닥은 미끄러지지 않는 적합한 재료로 처리하며 근로자의 통행에만 사용하여야 하며 화물용 발판 또는 화물용 보관으로서 사용 금지

(3) 선창 통행설비 유해 및 위험 요인

01 갑판 윗면에서 선창 밑바닥까지 이동시 작업자 추락 및 전도재해 발생 위험

[그림 97] 선창 통행설비

(4) 선창 통행설비 재해예방 대책

01 갑판 윗면에서 선창 밑바닥까지의 깊이가 1.5m를 초과하는 선창 내부에서 화물 취급 작업을 할 경우는 근로자들이 안전하게 통행할 수 있는 통행설비 설치

02 컨테이너 Stacks으로의 통행수단
  ㉠ 랏싱 케이지(Lashing Cage)
  ㉡ 곤돌라(Gondola)
  ㉢ 스프레다(Spreader)
  ㉣ 사다리(Ladder)
  ㉤ 랏싱 플랫폼(Lashing Platform)

(5) 와이어로프 유해 및 위험 요인

01 와이어로프 파단으로 인한 중량물 낙하재해 발생위험

02 와이어로프 단말처리 부적절로 인한 로프 파단위험

[그림 98] 와이어로프

(6) 와이어로프 재해예방 대책

01 와이어로프 폐기기준
  ㉠ 이음매가 있는 것

㉡ 와이어로프의 한 꼬임에서 끊어진 소선 수가 10% 이상인 것
㉢ 지름의 감소가 공칭지름의 7%를 초과하는 것
㉣ 꼬인 것
㉤ 심하게 변형 또는 부식된 것

02 와이어로프의 킹크(Kink)는 로프가 부주의에 의해 꺽임을 받을 때 발생되며, 킹크가 발생된 로프는 영구손상을 입게 되므로 사용하지 말고 폐기하여야 함

(7) 지게차 운반작업 유해 및 위험 요인

01 불안정한 적재물의 낙하
02 적재물에 의한 시야방해를 접촉 및 충돌
03 과적, 노면 및 정비불량, 급가속, 급선회 및 급정지에 의한 전도

(8) 지게차 운반작업 재해예방 대책

01 작업 시작전 안전점검
㉠ 작업계획숙지
㉡ 구조부 점검
㉢ 제동장치 점검
㉣ 각종 지시 등 점검
㉤ 경보장치 확인

02 주행 시 안전운전
㉠ 제한속도 준수
㉡ 주위확인
㉢ 서행운전
㉣ 진동에 의한 화물 이탈방지

03 화물 적재 시 안전성 확보
㉠ 화물을 적재할 때는 포크 안에 깊숙이 적재하여 화물의 안정성을 높임
㉡ 포크를 화물에 직각으로 삽입하고, 화물의 폭에 따라 포크의 간격을 조절하여 무게의 중심을 중앙에 위치
㉢ 운전원은 운반하여야 할 화물을 점검하고 기준중량 초과적재 금지

04 지게차 포크에 탑승하여 작업하는 것을 절대 금지하고 고소작업이 필요한

경우에는 반드시 안전난간이 설치된 작업대를 사용하여 작업하여야 함

(9) 개인용 보호구-안전대 유해 및 위험 요인

01 갑판 윗면에서 선창 밑바닥 작업자에게 신호시 추락재해 발생위험

02 안벽과 선박사이 바다로 근로자 추락위험

(10) 개인용 보호구-안전대 재해예방 대책

01 안전대 착용대상 작업은 안전대는 높이 2m 이상의 추락위험이 있는 작업에는 반드시 착용 및 사용해야 함

02 추락위험이 있는 장소

㉠ 작업발판이 있어도 난간대가 없는 장소의 작업

㉡ 난간대가 없는 작업의 작업

㉢ 난간대로부터 상체를 내밀어 작업하는 경우

㉣ 작업발판과 구조체 사이의 거리가 30cm 이상의 장소로 수평방호시설이 없는 경우 등

03 안전대 사용방법

㉠ 안전대의 로우프 길이는 종류에 따라 다르나 2.5m 이내, 사용 길이는 1.5m 이내로 한다.

㉡ 몸체를 조이는 벨트는 버클로 통하는 순서에 따라서 장치하고 링의 위치는 신체의 양측보다 앞이 되지 않도록 착용한다.

㉢ 벨트는 가능한 한 골반 가까이 착용하고 낙하시에는 다리쪽으로 빠지지 않도록 한다.

㉣ 안전대의 로우프를 지지하는 설비나 구조물의 위치는 반드시 벨트의 위치 보다 높아야 하며, 작업에 지장이 없는 한 높은 위치의 것으로 선정하여야 한다.

㉤ 신축 조절기 사용시 작업에 지장이 없는한 로우프의 길이를 짧게 해서 사용토록 한다.

㉥ 수직 구조물이나 경사면에서 설치 작업하는 경우 미끄러지거나 마찰에 의한 위험이 발생할 우려가 있을 경우에는 설비를 보강하거나 지지로우프를 설치 하여야 한다.

㉦ 훅은 추락시의 충격하중에 견딜 수 있는 지지력이 충분한 곳에 건다.

04 그네식 안전대

㉠ 그네식 안전대는 띠모양의 부품을 전신에 착용하여 근로자가 추락시 받는 충격하중을 신체 전면에 고르게 분산시켜 줌으로써 충격을 최소화시켜주는 충분한 곳에 건다.

㉡ 국내 작업현장에는 벨트식 안전대의 사용이 보편화되어 있으나, 벨트식 안전대는 추락 시 허리에 치명적인 부상을 유발시킬 위험이 높아, 선진국에서는 사용을 금하고 있다.

㉢ 그네식 안전대는 일반적으로 안전블록과 같이 사용한다. 안전블록은 사다리를 오르거나 탱크설비 내부로 들어가는 작업 등에서 유용하게 활용되며, 추락을 억제 하는 잠금장치를 갖고 있다.

chapter 13

선박 컨테이너 위치표시

(1) Hold No.(Bay No.)

컨테이너선에서 부르는 Hold라는 용어는 일반적으로 40피트용 컨테이너를 실을 수 있는 선창 및 그 위쪽 갑판을 통칭하는 말이며, 이는 20피트 컨테이너도 그곳에 실릴 수 있으므로 보통 Hold라 부르지 않고 Bay라고 부른다. Bay No.는 선수 쪽에서부터 짝수번호로 한 Hold당 붙이는 것이 통례이며 Bay No. 02. 04. ... 34 등으로 호칭한다. 즉, Hold가 2번이면 Bay No.는 04번이 되며 한 Bay No.를 다시 앞과 뒤, 2개로 나눠 01번과 03번으로 나눈다. 이는 40피트가 실릴 경우 Bay No.02라고 부를 수 있으나 20피트가 앞쪽에만 실릴 경우를 대비해 Bay No.01이라고 부른다. 만약 뒤쪽에만 실리면 Bay No.03이라고 부른다.

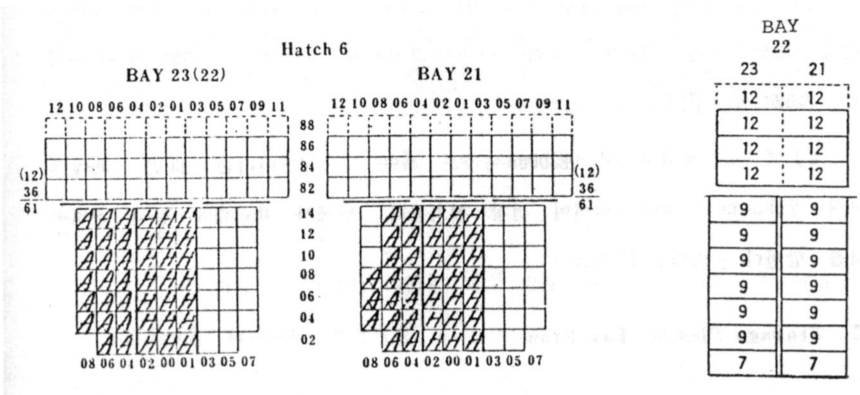

[그림 99] 선창과 갑판의 베이-플랜(Bay plan)

(2) Slot No.(Row No.)

선창이나 갑판에 실린 컨테이너의 횡방향으로 번호이다. 즉, 그림에서 보듯이 횡 방향으로의 순서 중 가운데의 것을 00번(횡방향 적재컨테이너가 홀수 개일 때)으로 하고 선수방향을 향해 오른쪽으로부터 차례로 01, 03, 05 등으로 홀수를 붙이며 왼쪽으로는 02, 04, 06 등 짝수번호를 붙인다.

횡적 컨테이너가 짝수 개일 때는 양쪽을 나눠 그대로 오른쪽은 홀수번호, 왼쪽은 짝수번호를 붙인다.

(3) Tier NO.(층번호)

선창 및 갑판에 실린 컨테이너의 수직 방향으로의 표시번호로서, 갑판 적화물은 밑에서부터 82, 84, 86, 88의 2자리 숫자로 표시하고 선창내에 적재한 것은 밑에서부터 02, 04, 06, 08, ... 14등의 2자리 숫자로 표시한다.

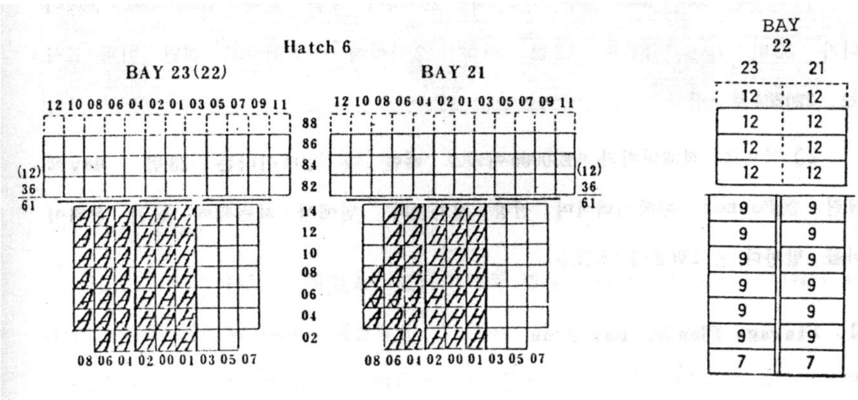

[그림 100] 선창과 갑판의 베이-플랜(Bay plan)

(4) 적재위치 표시(6단위)

모두 여섯 글자로 표시한다. 예를 들어 40피트 컨테이너가 22번 Bay 갑판의 02번 slot 2단째에 실려 있다고 하면 이의 표시는 220284로 한다. 역으로 적재위치가 230006이라고 하면 이 컨테이너는 23번 Bay에 실린 20피트 컨테이너이며 선창 정 가운데에서 밑에서 3번째에 실린 컨테이너를 말한다.

(5) 컨테이너 지붕(Roof)의 강도

01 지붕(Roof)의 강도 : ISO Rule상에 컨테이너 지붕의 가장 약한 곳에 60cm×30cm의 면적에 300kg의 균일하중을 걸때 견딜 수 있는 강도이어야 한다. 이것은, $60cm \times 30cm = 1{,}800cm^2$, $300kg/1{,}800cm^2 = 0.167kg/cm^2$. 2명 정도의 작업자가 루프상에 작업할 수 있는 강도이다.

(6) 컨테이너 바닥재의 강도

02 컨테이너 내부 바닥재(Floor)의 강도 : 등분포하중 약 37.4M/T에 견딜수 있는 강도이며 총중량에 가속중량의 비를 가하여 산출된 수치로서 20피트형의 단위 면적당 하중은 1.33M/T/m^{2}로 되어 있고 40피트형은 0.98M/T/m^2 정도이다. 즉, 장비 등이 출입하여 작업 및 상부에서 리치스태커의 권상시 바닥재는 충분한 강도를 가진다. 트롤리에 적재 운반시 Open top상에서 자가 주행시키면 안 된다.

chapter 14
컨테이너의 구조

14.1 컨테이너 표식

컨테이너는 컨테이너마다 고유의 번호를 가지고 있다. 컨테이너에 표시된 고유번호는 운송단계 전반에 걸쳐 컨테이너를 정확하게 식별하고 컨테이너 이동시 정확한 정보를 제공함으로써 컨테이너 운송단계마다 각각의 컨테이너에 대한 위치 추적 및 효율적인 운영을 위해 사용된다.

컨테이너에 기재되는 표식은 ISO 6346 규정에 따라 정해진 위치에 표식되어야한다. 참고로 ISO 6346은 과거의 ISO 790과 ISO 2716을 통합시킨 것이다. 1995년 12월에 개정된 새로운 ISO 6346에서는 국제표시를 생략하도록 규정하고 있다.

(1) 컨테이너 번호

컨테이너는 주민등록번호와 같이 개개의 컨테이너마다 고유의 번호가 부여되어 사용되고 있다. 컨테이너 번호는 ISO에서 4자리의 영문표기와 7자리의 숫자를 붙여 11자리의 부호가 되도록 하고 있으나, 이것을 자세히 구분하면, BIC-CODE로 불리는 소유자 표시, 컨테이너 일련번호 및 체크디지트(Check Dight)로 분류된다.

01 소유자 표시

이 코드는 ISO 6346에 의해 국제적으로 공인되어 사용되고 있으며, 컨테이너 수유주가 각 지역의 등록소에 신청 후 프랑스 파리에 본부를 둔 국제컨테이너 사무국(BIC: Bureau International Container)에 등록한다. 소유주의 특징을 표시한 1번째 항목에서 3번째의 3자리의 영문자와 “U”를 4번째 자리로 하여 전체 4자리의 영문자로 구성된다.

우리나라의 국제선사인 한진해운은 HJCU, 현대상선은 HDMU 등으로 등록되어 있다. 그러나 소유자의 표시 등록은 강제성이 아니므로 선사에 따라 개별적으로 사용하고 있는 선사도 있다.

02 컨테이너 일련번호

일련번호는 3개의 숫자가 2개의 그룹으로 표시되어 있다. 이 일련번로는 소유자가 컨테이너 제작자에게 컨테이너 제작을 의뢰할 때 컨테이너 소유주가 선택하는 번호이다.

03 체크 디지트

체크 디지트(Check Dight)는 맨 마지막 자리에 위치하며, 앞 10자리의 영문자와 숫자에 오류가 있는지 없는지를 검색하기 위하여 사용하는 것으로, 우리의 주민등록 번호의 13번째 자리와 같은 역할을 하며 컴퓨터를 이용하면 빨리 검색을 할 수 있다.

(2) 국가 및 규격기호

1995년 12월 개정된 ISO 6264에서는 이 표식을 생략하고 있으나, 개정 전에 마킹된 컨테이너는 UN과 ISO에서 제정한 두 자리의 영문자를 사용하여 표시하며, 소유자가 등록국가를 정한다. 예를 들면 우리나라는 'KR', 홍콩은 'HK'로 표기한다. 규격기호는 컨테이너의 크기와 형태를 나타낸다.

14.2 컨테이너의 구조

일반적인 컨테이너는 직육면체의 구조체로서 부분별로는 골격, 모서리, 고정장치, 밑면, 앞면, 윗면, 옆면(측면) 및 문으로 이루어져 있다.

(1) 골격 또는 테두리(Frame)

컨테이너 각 부분 중에서 기본적인 강도 유지를 위한 골격으로서, 외부로부터 충격에도 견딜 수 있는 강한 재질로 구성되어야 하며 선박이나 컨테이너 야드(Container Yard)에 적재 또는 이송 중에 직접적인 함을 받는 부분이다.

(2) 모서리 고정 장치(Corner Fitting or Corner Casting)

컨테이너의 적재 및 이송 시 장비나 운공장비에 고정시키기 위한 4각 모서리의 8개소에 부착된 부품으로 강철제 주물로 제조되어 있으며 3면에 구멍이 있다.

(3) 밑면(Base)

컨테이너의 바닥을 구성하고 있는 부분이며, 바닥구조는 마루(Floor)와 바닥골재(Cross Member)로 되어있다.

(4) 앞면(Front)

컨테이너의 길이방향으로 볼 때 밀폐된 쪽이며, 스틸로 된 강한 재질과 패널(Panel) 및 냉동기로 구성되어 적재 하중과 가로 기울기 하중을 견뎌 컨테이너형상을 유지하는 역할을 한다.

(5) 측면(Side Wall)

컨테이너의 양 측면으로서 앞면과 문사이의 패널(Panel)을 말한다.

(6) 문(Rear Door)

컨테이너의 뒤편에 두 짝으로 되어있는 부분으로 개패가 가능하며 프레임(Frame), 패널(Panel), 잠금장치, 개스킷(Seal Gasket) 등으로 구성되어 있다.

chapter 15

컨테이너의 종류

15.1 계절에 따른 분류

해상 운송에서 사용하는 컨테이너는 철(Steel), 스테인리스(Stainless) 또는 알루미늄(Aluminum) 재질로 된 것을 주로 이용하고 있으며, 외벽을 섬유 강화 플라스틱(FRP: Fiberglass Reinforced Plastics)을 사용한 특수 컨테이너도 있다.

(1) 알루미늄 컨테이너

알루미늄 컨테이너(Aluminum Container)는 알루미늄과 철강 재료로 제작된 컨테이너로서 컨테이너의 외관 및 구조재는 알루미늄 합금으로 만들어져 있고, 4각의 모서리 끼움쇠(Corner fitting)와 앞, 위의 틀은 철강재로 되어있다. 알루미늄 컨테이너는 기본적으로 가벼우며 부식에 강하고 내구성이 크다는 장점이 있다. 그러나 재작비용이 높고 강도가 약하여 약한 충격에도 파손될 수 있는 단점이 있다. 알루미늄 컨테이너는 현재 전체 컨테이너 중에서 약 14%를 차지하고 있다.

(2) 철재 컨테이너

철재 컨테이너(Steel Container)는 컨테이너의 외판 및 구조재가 강판 및 강재로 만들어져 있으며, 전체 구조가 용접으로 조립되어 수밀성이 높으면서도 파손 시 보수가 용이하고, 사용되는 철재의 가격이 알루미늄 가격보다 저렴한 것이 장점이다.

그러나 해수에 의한 염준 부식이 빠르고, 자체 중량이 무거우며, 수리 시 도장 비용과 시간이 많이 소요되며, 수명이 일반적으로 알루미늄컨테이너 보다 짧다는 단점이 있다. 철재 컨테이너는 현재 전체 컨테이너 중에서 약 85%를 차지할 정도로 보편화 되어 있다.

(3) 스테인리스 스틸 컨테이너

스테인리스 스틸 컨테이너(Strainless Steel Container)는 특수화물 즉 식품, 유류 및 화학제품 등을 적재할 목적으로 제작되는 탱크 컨테이너(Tank container) 또는 냉동 컨테이너(Reefer Container)의 제작에 주로 사용된다. 스테인리스 스틸 컨테이너는 강도가 강하고 내 부식성 및 내마모성이 강하다는 이점이 있지만 자체 무게가 무거운 단점이 있다.

(4) 섬유강화 플라스틱 컨테이너

섬유강화 플라스틱 컨테이너(FRP: Fiberglass Reinforced Plastic Container)는 강화 플라스틱을 유리섬유로 보강하여 베니어합판에 접착제로서 붙여 만든 컨테이너로서, 판의 두께가 20 mm 내외로 작고 내부용적이 크며, 또한 충격 및 방열성이 좋아 일반 잡화 및 특정한 화물용으로 사용되고 있다.

15.2 용도에 따른 구분

(1) 일반 화물용 컨테이너

일반 화물용 컨테이너(Dry Cargo Container)는 일반 잡화를 수송하는데 이용되는 대표적인 컨테이너로 컨테이너의 대부분을 차지한다. 전후 방향의 한쪽 끝에 2개의 문(door)이 있고 각각의 문은 약 270도 개폐가 가능하다. 문의 주위에는 합성 고무의 일종인 네오 플랜 등으로 개스킷 처리되어 있어 내장화물을 비, 바람으로부터 보호 할 수 있다. 일반적으로 선사 및 관련 업체에서는 자체적으로 일반 화물용 컨테이너를 Dry freight Container, Dry Container, Dry Cargo container, General Purpose container 등 여러 가지로 호칭하고 있다.

(2) 냉동 컨테이너

냉동 컨테이너(Reefer container)는 생선이나 고기류 등의 온도 조절이 필요한 화물을 운송하기 위하여 설계된 컨테이너를 말한다. 냉동화물 뿐만 아니라 온도변화에 민감한 화물 또는 일정한 온도가 필요한 식료품 및 전자부품등의 수송에 사용된다. 냉동 컨테이너는 컨테이너선과 냉동 장지장의 전원과 연결할 수 있는 전기 설비가 설치되어 있다. 통상적으로 영상 26° ~ 영하 28°까지 냉각시킬 수 있도록 설계되어 있다.

(3) 오픈 탑 컨테이너

오픈 탑 컨테이너(Open Top Container)는 기계류, 철강제품, 판유리등 중량화물 운송에 적합한 컨테이너로서 천정을 개방할 수 있도록 컨버스 덮개로 되어 있다. 화물을 적재할 때는 크레인을 이용하여 위로 하역할 수 있는 특징이 있으며, 위로 하역하는 것이 편리한 화물이나 높이가 규격보다 큰(Over height) 화물이송에 사용한다.

(4) 플랫폼 컨테이너

플랫폼 컨테이너(Platform Container)의 형태는 일반화물 컨테이너(Dry Cargo Container)의 천장과 측면을 제거한 모양으로 양 단벽을 뗐다 붙였다 할 수 있도록 되어 있다. 주로 높이와 길이가 컨테이너의 표준규격이 초과된 화물 수송에 이용된다. 따라서 기계류, 강재·원목 등의 중량물을 전후, 좌우 또는 위에서 지게차로 하역할 수 있다.

플랫폼 컨테이너는 상부 구조에 까라 형식그룹을 크게 4종류로 구분한다.

01 코너 기둥이 없는 단순한 플랫폼(Platform) 컨테이너
02 고정형 플랫 랙(Fixed Flat Rack) 컨테이너
03 접철식 풀랫 랙(Collapsible Flat Rack) 컨테이너
04 상부구조에 골경은 있으나 측벽이 없는 컨테이너

접철식 플랫 랙(Collapsible Flat Rack)컨테이너 공컨테이너를 2개에서 5개까지 묶어서 수송하거나 보관이 가능하다.

(5) 탱크 컨테이너

탱크 컨테이너(Tank Container)는 식품, 유류 및 화학제품 등의 액체상태의 화물을 수송하기 위해 특별히 고안해 만든 컨테이너로서 일반용, 위험물용, 고압가스용 및 독극물용등이 있다.

(6) 팬 컨테이너

팬 컨테이너(Pan Container)는 과일, 야채등과 살아 있는 동물의 호흡작용을 위해 벽면에 통풍이 되도록 설계되어 있는 컨테이너이다.

(7) 벌크 컨테이너

벌크 컨테이너(Bulk Container)는 밀가루, 가축사료, 곡물 등의 분말상태의 화물을 수송하기 위하여 특별히 고안된 장치를 가진 컨테이너를 말한다.

(8) 하이큐빅 컨테이너

하이큐빅 컨테이너(Hight Cube Container)는 ISO 규격에서 컨테이너의 높이가 8피트 6인치이지만 국제 규격 보다 높이가 1피트 높은 9피트 6인치의 컨테이너를 말한다. 보통 20피트 형보다는 40피트 형의 컨테이너에 하이 큐빅 컨테이너가 많으며 다른 명칭으로 점보 컨테이너(Jumbo Container)라고 부르기도 한다.

chapter 16

컨테이너 터미널의 작업계획

16.1 컨테이너 터미널의 작업계획 개요

(1) 작업계획의 필요성

컨테이너터미널 작업은 본선의 하역 작업을 축으로 하여 그 앞뒤에 수반되는 컨테이너 이송 작업, 보관 작업, 인도 및 인수 작업, 컨테이너 화물 조작장(CFS: Container Freight Station) 작업 등을 총칭한다.

(2) 작업을 위한 주요서류

01 크레인 이동표

크레인 이동표는 본선작업의 시작에서 종료까지 화물처리를 위한 크레인의 이동 시간표이다. 각 크레인의 베이별 움직임과 작업량에 대한 파악, 시간대별 어떤 작업을 하고 있는지를 알게 해 준다.

02 크레인 작업 순서

크레인 작업 순서표는 특정 크레인의 하역 작업을 기술한 서류로 크레인 이동표에 비해 기술내용이 보다 세밀하며 헤치 커버의 열고 닫음 등과 같은 관련 사항이 추가되어 있다.

03 크레인 양하 적하 예정표

양하와 적하 예정표는 본선작업을 위한 가장 상세한 작업 스케줄이다. 이들 서류는 이동 될 컨테이너와 컨테이너 하역 작업이 이루어질 위치를 정확하게 표시하고 있어 본선의 적하계획 및 통제를 위해서 뿐 아니라 관계대리점에서 제반 하역 작업의 분비를 갖추는데 사용된다.

16.2 컨테이너 선박의 작업계획

컨테이너 터미널의 작업계획은 컴퓨터를 통한 정보관리시스템에 의해 수행되어 관리되어 진다. 이 작업은 본선의 접안준비와 도착으로부터 양하 작업 준비와 실행, 야드장치 준비와 이동, CFS 작업 준비와 실행, 통관 및 검역업무 증이 복잡하게 연관되어 진행 된다.

(1) 접안계획

컨테이너터미널의 플래너는 선박운영자로부터 입항 예정시간을 통보 받으면 선박의 길이, 선폭, 흘수 등의 정보를 수취하여 접안과 작업에 적합한 설비를 갖춘 선적을 배정해야 한다.

(2) 본선작업계획

01 플래너가 수집할 정보

㉠ 수입컨테이너를 처리 할 때

선박운항자(Ship Operator)를 통해 화물적부도(Stowage Plan)와 베이플랜(Bay Plan) 전체세트, 특수 화물들의 목록, 재적부(Reatow)와 컨테이너, 기타 정보를 제공 받아야 한다.

㉡ 수출컨테이너를 처리할 때

선박운항자의 대리인에 의해 적부 할 컨테이너의 상세 목록을 제공 받아야 한다. 컨테이너별 목적 항에 대해 사용되어지는 베이와 특수 컨테이너를 위한 특별한 지시사항 등을 통보 받는다.

㉢ 컨테이너 적부위치

컨테이너 선박의 적부 위치는 베이번호(Bay No), 슬롯 위치(Slot No), 티어번호(Tier No)로 구분된 6자리 셀번호(Cell No)로 표시한다.

i) **베이번호(Bay No)**

선수 측에서 본 선박의 단면도로 40피트 컨테이너를 기준으로 선수에서 선미쪽으로 02, 06, 10, 14, 18, 22, 26, 30, 34, 38, 42, ...번호가 매겨진다.

ii) **슬롯번호(Slot No)**

줄번호(Row Number)라고 한다. 컨테이너가 좌우 열로 장치된 것을 표시한 번호로 슬롯(열-Slot) 수가 홀수 일 때는 중앙의 열을 00으로 하여 우현 쪽으로는 01, 03, 05, 07.....번호로, 좌현쪽으로는 02, 04, 06, 08...번호로 표시한다.

iii) **티어번호(Tier No)**

컨테이너 적재단을 나타낸다. 갑판적은 82, 84, 86, 88, 90, 92...번호로,

선창의 적재는 최하단부터 02, 04, 06, 08, 10, 12...번호로 표시한다.

iv) **컨테이너 적재위치 표시**

셀번호는 베이 번호 슬롯번호 티어번호 순으로 표시되며 6자리로 나타낸다.

02 본선 작업 계획 수립시 플래너가 고려해야 할 요인

㉠ 안전상의 원칙

ⅰ) **선박의 안전성과 감항성(Seaworthiness) 유지**

플래너는 본선의 적재중량 한도 내에서 수직, 수평, 좌우 균형적재에 대하여 충분히 고려해야한다.

ⅱ) **컨테이너 적재중량 제한 준수**

컨테이너 선박이 대형화 되고 있는 점을 고려하여 플래너는 적부계획 수립시 항상 선체 강도를 참고하여 중량한도를 결정해야 한다.

㉡ 작업상의 원리

ⅰ) **최소한으로 컨테이너 접근성 보장**

터미널 플래너는 오적재(Overstow)한 컨테이너 수를 줄여 컨테이너 이적작업(Shift) 및 재적재(Restow) 작업의 수를 최소화해야 한다.

ⅱ) **시큐어링(Securing) 작업의 최소화**

갑판에 높게 쌓인 컨테이너의 양・적하 작업은 컨테이너를 고정시키고 해체하는데 많은 노력이 소요된다.

ⅲ) **양·적하 작업은 일정거리를 두고 실행**

투입 크레인수 제한, 선박의 안전성 위협, 선박의 국부적 응력 발생으로 셀가이드에 스프레더낌, 우선 처리해치 발생 등으로 작업생산성이 저하될 수 있다.

iv) **크기와 유형에 따라 컨테이너를 그룹화**

20피트, 40피트, 30피트, 45피트 컨테이너 크기에 따라 적부위치가 달라질 수 있다. 선수측 해치위에 컨테이너를 적재할 경우 라싱장치와 해치커버의 중량 제한 그리고 해상과 일기상태에 따른 파손 위험 때문에 20피트 컨테이너만 적재를 한다.

Ⅴ) **상품의 유형에 따라 컨네이너의 위치를 구분하여 적재**

냉동 컨테이너는 전원공급이 가능한 선창의 최상단, 웨더갑판이나 해

치커버 위에 적재하고, 통풍컨테이너는 화물의 특성상 갑판위에 적재한다.

(3) 작업스케줄 준비와 본선작업 전략

컨테이너터미널의 플래너는 컨테이너가 양·적하 될 위치 및 장비와 인력 등의 배치에 필요한 모든 정보를 알아야 한다.

01 본선 작업 순서의 일반적 유형

㉠ 양하작업 후 적하 작업을 실시

㉡ 일부 베이에서는 양하, 일부 베이에서는 적하 작업을 실시

㉢ 동일베이에서 양·적하 작업을 동시에 실시

02 본선 작업 수립시 준비해야 할 원칙

일반적으로 안전한 본선 작업을 위해 갑판위위 컨테이너는 티어바이티어 형식으로 하역하고, 갑판아래는 스택바이스택형식으로 좌·우현을 번갈아 가면서 양하작업을 한다.

(4) 지원 배치

본선작업계획의 기본적 사항이 수립되고 작업을 통재하는 주요서류들이 작성되면 그와 관련된 장비, 인력, 용구 등의 배치에 대한 요구와 할당이 이루어진다. 장비의 경우 플래너는 본선 입항에 따른 필요에 따른 장비를 기술부서와 협의하여 결정한다. 이때 장비요청서와 정비 할당서류가 작성된다.

찾아보기

정가 12,000원

항만크레인시뮬레이터 운영실무

2011년 2월 25일 초판 인쇄
2011년 3월 1일 초판 발행

저 자 : 배 석 태 · 조 규 성
발행자 : 우 명 찬 · 송 준
발행처 : 홍릉과학출판사
주 소 : ㉾ 142-885 서울시 강북구 인수동 455-60
등 록 : 1976년 10월 21일 제5-66호
전 화 : 999－2274~5, 996－8341, 903－7037
팩 스 : 905-6729
ISBN : 978-89-7283-919-4

hongpub@hongpub.co.kr
www.hongpub.co.kr

저자와의 협의하에 인지생략